成功之路丛书

CHENGGONG ZHILU CONGSHU

播下成功的种子

本书编写组◎编

世界图书出版公司

广州·北京·上海·西安

图书在版编目（CIP）数据

播下成功的种子/《播下成功的种子》编写组编．—广州：广东世界图书出版公司，2009.11（2024.2 重印）

ISBN 978－7－5100－1254－9

Ⅰ. 播… Ⅱ. 播… Ⅲ. 成功心理学－青少年读物 Ⅳ.
B848.4－49

中国版本图书馆 CIP 数据核字（2009）第 204815 号

书　　名	播下成功的种子
	BOXIA CHENGGONG DE ZHONGZI
编　　者	《播下成功的种子》编写组
责任编辑	陈晓妮
装帧设计	三棵树设计工作组
出版发行	世界图书出版有限公司　世界图书出版广东有限公司
地　　址	广州市海珠区新港西路大江冲 25 号
邮　　编	510300
电　　话	020–84452179
网　　址	http://www.gdst.com.cn
邮　　箱	wpc_gdst@163.com
经　　销	新华书店
印　　刷	唐山富达印务有限公司
开　　本	787mm×1092mm　1/16
印　　张	10
字　　数	120 千字
版　　次	2009 年 11 月第 1 版　2024 年 2 月第 10 次印刷
国际书号	ISBN　978–7–5100–1254–9
定　　价	48.00 元

序

成功需要好习惯

成功是有规律可循的，因为世上没有无缘无故的成功。

有一个成功的道理，看似微不足道，实则却是十分重要——成功需要好习惯。

比如：创造的习惯，责任的习惯，思考（智慧）的习惯，计划（目标）的习惯，沟通的习惯，自信（信心）的习惯，适应环境及其他条件变化的习惯，毅力的习惯，观察的习惯。

这些习惯难以养成吗？当它们已经成为习惯的时候，很简单；当它们还没有成为习惯的时候，做起来也许有些困难。

可是，没有这些好的习惯，成功只能是海市蜃楼，只可远观，而永远无法靠近。

好习惯实际上是好方法——思想的方法，做事的方法。培养好习惯，即是在寻找一种成功的方法。

人们常说："先做对，再做好。"培养好习惯就是"先做对"。

从我做起，从现在做起吧！成功绝对是从量变到质变的过程。

你的好习惯越多，你离成功越近。

丹尼斯·威特利博士是美国著名的行为成功学家，他是研究人类潜能及高度表现的权威，拥有行为学博士学位，曾经应邀为美国太空总署的太空人进行成功心理训练，他同时也是许多大公司、政府单位以及私人机构的顾问，著有多种畅销书，制作过许多录音带、CD 等。

丹尼斯通过对许多行为良好、成就杰出的模范人物的研究，总结出这些人成功致胜的习惯，写成此书。书中从 10 个方面讲述了成功人士所必须具备的 10 个成功习惯（含品格）的涵盖意义及养成。通过阅读此书，你会发觉：你未来成功的种子就存在于你自身，遍布于你四周。而作为种子，唯一的使命就是生根发芽，成长壮大，枝繁叶茂。它们原本沉睡于你的体内，而现在，成长的季节到来了。

成功是你生来就具有的权利。成功并非一场竞赛，也不是一座难以逾越的高山，它是你生活的本来面目。当然，你必须为此而工作，而且你最好为此而培养一些好的习惯，作为达到成功的种子。一旦你养成了良好的习惯，播下成功的种子，你就会发现——这个创造成功的过程，绝非一场难以忍受的苦役，反而是十分有趣的。如果你向任何一个拥有成功和幸福生活的人士询问："培养新能力，达到自己的最佳境界是一种什么样的感觉？"他们往往会稍加考虑，然后微笑着告诉你："那种感觉好极了！我无法想象以其他方式生活。"

同那些为了成功而苦苦挣扎着的人相比，那些各个领域中的顶尖人物对待生活的看法迥然不同。这种区别不是因为智商的差异，而是一种观念上的差别，一种行为方式的差别，而行为方式是靠习惯养成的。

在培养习惯的过程中，你可以每天记录你的愿望——自己所希望成为的那种人的行为特点，通过这种方法来"培养自己成功的种子"，描绘出未来发展的图画。而且，对你所愿意成为的人的形象描绘越清晰，你就越可能过上你所希望的那种生活。这种方法可能是你印象最为深刻的训练之一。

爱默生曾经说过："愿望就是寻求表达的可能性。"你的品质可以通过你真实的愿望表现出来。一旦你描绘出自己希望成为的那种人的品质，你就能够把关注的焦点转移到今天应该重视的领域，以便实现你明天的梦想。

为了成长，你需要像一棵树一样，既伸展根须（以便感知到更多，得到更多营养），又不断结出果实（拥有硕果累累的生活）。

记住，你的成功习惯将在平时的日积月累中养成，尽管每天的行为不是构成实现一项伟大目标的全部计划，但是它们的确提供了你每天所必需的最简单的推动——使你开始向更大的目标而努力，使你受益无穷。

你在相当多的事情上获得成功都是很自然的事情。在行动中，记录下你的所得，研究你生活的风格，将自己调整到便于发挥潜力的最佳状态。借着本书来培养你的成功习惯，播下成功的种子，收获成功的果实。

当然，所有的这些都需要你有一份想要成功的欲望，欲望越强，行动才会越热烈，习惯才会更好地养成。为了帮助你立即领悟强烈欲望的重要性，请看下面这个故事：

从前，在遥远的地方有一个聪明的学生问他伟大的老师有关强烈欲望的意义。老师领着这个学生来到海边，然后走进水里，直到水已经漫到了他们的胸口，他抓着学生的头发把他摁到海里，浸了将近一分钟，学生开始挣扎，伸出双手在空中舞动。老师仍然紧紧摁住他的头浸在水里，直到学生的身体开始变得软弱无力，然后就在学生快要溺死的那一刻，老师将他托出水面，让他呼吸到一口救命的空气。

然后这位老师说道："你必须渴望你生活的改变，就像你想要呼吸第一口新鲜空气的渴求一样强烈，这就是强烈欲望的内涵。"

强烈的欲望，你有吗?!

编　者

目 录

第一章　自尊的种子

什么是自尊……………………… 2
自尊的决定能力………………… 3
从爱自己开始…………………… 6
恐惧的根源在于自尊感低……… 7
怎样排除恐惧…………………… 9
相信你的价值…………………… 11
成功在于有意识的选择………… 12
发挥你的才能…………………… 13
建立自尊的 10 个步骤………… 15

第二章　创造的种子

想象力左右成败………………… 18
幻想的力量……………………… 20
成功始于练习…………………… 21
看什么就像什么………………… 23
为创意留下空间………………… 24
发挥创造力……………………… 25
谁在帮助你……………………… 26
自言自语的力量………………… 27
策划自己的成就………………… 28
有效的创造性想象步骤………… 30
培养创造力的 10 个步骤……… 31

第三章　责任的种子

获得成功先要付出代价………… 33
快乐还是不幸…………………… 35
从自立开始……………………… 36
对自己负责……………………… 37
培养自制的 7 个 C……………… 39
担负责任的 10 个步骤………… 40

第四章　智慧的种子

诚实是智慧的起点……………… 42
正三角形最好…………………… 44
忠于自己………………………… 45
才能不用如金藏于土…………… 46
找出你的才能…………………… 48
成功在于学习…………………… 49
获得智慧的 10 个步骤………… 51

第五章　目标的种子

为何无法达成生活目标………… 53
你的内在力量…………………… 56
意志守护神……………………… 57
阻碍是成功的动力……………… 59
坚持不会一无所获……………… 61
幸运之轮………………………… 65
精神目标………………………… 67

社会和社区目标 …………… 68

事业目标 …………………… 69

家庭目标 …………………… 71

心理目标 …………………… 72

健康目标 …………………… 75

财务目标 …………………… 77

如何开始实现目标 ………… 79

输入成功的程序 …………… 82

达到目标的 10 个步骤……… 83

第六章　沟通的种子

当换一个角度 ……………… 84

收听他们的波长 …………… 86

行动胜过千言万语 ………… 88

推人及己，推己及人 ……… 89

自内而外沟通 ……………… 90

告别绝望 …………………… 92

交流的力量 ………………… 94

与人沟通的 10 个步骤 …… 95

第七章　信心的种子

信心是成功的住处 ………… 96

纵容自己是不可饶恕的 …… 97

焦虑是由于缺少信心 ……… 99

信念是奇迹之母…………… 100

乐观者战胜一切…………… 101

命运的玩笑也是机会……… 103

里面的仍然是我…………… 105

培养乐观信心的 10 个步骤 … 106

第八章　适应力的种子

最好的时光就是现在……… 108

未来在期望中……………… 110

抓住危机中的机会………… 111

调整情绪…………………… 114

圣海伦山的机会…………… 116

你选择什么………………… 118

如何适应压力……………… 119

消除紧张的方法…………… 121

善用压力能反败为胜……… 122

改变看法可使你从逆境中脱颖而出

………………………… 124

幽默使你幸福健康………… 125

培养适应力的 10 个步骤 … 127

第九章　毅力的种子

成功就是做其他人不愿做的事 …

………………………… 129

毅力是人生的至宝………… 130

坚持是人生最有力的武器… 132

爬起来比跌倒多一次……… 135

麦当劳的秘密……………… 137

成功永不嫌晚……………… 138

坚持到底就会成功………… 139

培养毅力的 10 个步骤 …… 140

第十章　观察力的种子

奔向目标或逃避目标……… 143

自我评价表格……………… 146

平衡的生活表……………… 147

大难不死…………………… 148

最后一个成功秘诀………… 149

第一章　自尊的种子

> 　　找出恐惧生长的地方，用爱去滋润它四周的土壤，然后播下自尊的种子，你就会长成顶天立地的人。
>
> 　　自尊的价值不仅仅在于它让我们感觉更好，它还可以让我们生活得更好，它能帮助我们更有力、更坚强地迎接挑战，抓住机遇，走向成功。

　　石油大亨保罗·盖蒂曾经是个大烟鬼，烟抽得很凶。而与他来往的客户却大多不吸烟，盖蒂在某些场合下吸烟的表现，使他失去了一些生意，其中有几笔是比较大的生意。但他对此却不以为然，这使得他的客户认为他是一个比较固执的人，其结果就是他的生意总发展不大。

　　有一次，他度假开车经过法国，天降大雨，开了几小时车后，他在一个小城的旅馆过夜，吃过晚饭，疲惫的他很快就进入了梦乡。

　　清晨两点钟，盖蒂醒来，他想抽一根烟。打开灯，他自然地伸手去抓睡前放在桌上的烟盒，不料却是空的。他下了床，搜遍衣服口袋，却一无所获。他又搜寻行李，希望能发现他无意中留下的一包烟，结果又失望了。这时候，旅馆的餐厅、酒吧早关门了，他唯一希望得到香烟的办法是穿上衣服，走出去，到几条街外的火车站去买，因为他的汽车停在距旅馆有一段距离的车房里。

　　越是没有烟，想抽烟的欲望就越大，有烟瘾的人大概都有这种体验。盖蒂脱下睡衣，穿好了出门的衣服，在伸手去拿雨衣的时候，他突然停住了。他问自己："我这是在干什么？"

　　盖蒂站在那儿寻思，一个所谓的知识分子，而且还算是成功的商人，一个自以为有足够理由对别人下命令的人，竟要在三更半夜离开旅馆，冒着大雨走过几条街，仅仅是为了得到一支烟。这是一个什么样的习惯，这个习惯的力量有多么强大？刹那间，盖蒂的强烈的自尊心被唤醒了，他不能为了那个对自己生命没有实质意义的习惯而放弃了做人的尊严。

他马上采取行动，把那个空烟盒揉成一团扔进纸篓，脱下衣服换上睡衣回到了床上，带着一种解脱甚至是胜利的感觉，几分钟后就进入了梦乡。

从此以后，保罗·盖蒂再也没有碰过香烟，当然他的事业也越做越大，最终他成为世界顶尖富豪之一。

"我为什么会这样做呢？"这是一个很有趣的问题。你有没有问过自己，是什么使你有如此动作、感觉、反应和决定？你若肯探讨这个问题，就会有很大的收获，你会有这样表现是由于你的想法。而你的自尊程度，在某一程度上决定你的想法。胆怯的念头会投射胆怯的行动和害怕的感觉。决定性的思想是有目标的行动发射的跳板，你应体会这个秘密：你的思想和观念是造成你生命状况的基本因素。

改善了你的思想和观念，你会提高你整个的生命。这是绝对的真理，你要毫不犹豫地接受并应用它。

什么是自尊

自尊是成功的基石，它是你灵魂深处自珍自重的感觉。

激励自尊、自求多福，都由你自己掌握。也许你尚无所成，但只要拥有自尊，一样能发挥成就事业的潜能。

当自尊被人们充分认识时，它会发出一种体验，告诉我们，我们能适应今日的生活，我们具有生活于现世的条件。

说得更具体点，自尊指的是：对我们能力的信任。

对"人人都可以成功，人人都具有追求幸福权利"的信任，以及我们自身的价值和我们维护自身的权益、享受劳动果实的信心。

自尊是人类生存的一种基本需求，它既不需要人们的理解，也不需要人们的认同便可发挥作用。不管我们知道与否，它都以自己特有的方式在我们身上运作。我们可以努力去把握自尊产生的推动力量，也可以对它的存在继续漠不关心。

相信自己的才智，认定自己有权过上幸福的生活，这是自尊的本质。

这种自信的力量源泉不仅仅是一种判断或情感，它更是一种推动力，激发人们的行为举动。

自然，它直接受我们行为方式的影响，这便是互为因果的关系。在我们的举止与自尊之间存在着一个持续的反馈循环。我们自尊的程度影响着行为方式，而我们的行为方式也影响着自尊的程度。

如果你相信自己的才智和判断力，你的言行举止就更像出自一个有思维能力的人，你的生活就会更好，而这又会增强你对自己才智的信心。如果你不相信自己的才智，你可能会被动地思维，不能充分认识自己的行动，遇到困难时也没有足够的毅力。当你的行动以失望或痛苦告终时，你会为怀疑自己的才智找到依据。

若是有了高度的自尊，在困难面前你可能会坚韧不拔；若是缺乏自尊，你可能会轻易放弃，或走走形式，而没能真正尽力。

研究成果表明，在对待工作上，高度自尊的人比缺乏自尊的人能坚持下去。坚持则成功很有可能属于你，但如果你放弃，失败很有可能与你相伴。不管是哪种结果，你的自我评判都会得到深化。

如果你尊重自己，并要求别人与你交往时也尊重你，你就会发出信号，你的行为方式也会增加别人配合的反应的可能性。当他们认同时，你的初始信心便得到加强与确定。如果缺乏自尊，你可能会很自然地接受别人的无礼、诋毁或利用，即使你只是在无意识地传播这个信息，也许有人就会以你的自我认识来对待你。如果这种事情发生，并且你又屈从于它，你的自尊感便会更差。

自尊的价值不仅仅在于它让我们感觉更好，它还可以让我们生活得更好，它能帮助我们更有力、更坚强地迎接挑战，抓住机遇，走向成功。

自尊的决定能力

自尊程度对于我们生存的每个方面都产生深刻的影响。它决定了我们如何工作，如何与人交往，我们可能攀得多高，我们可能取得多大的成果。在个人生活领域中，它决定了我们可能会爱上谁，我们将怎样与配偶、孩子、朋友交往，个人追求的幸福将有多大。

在我们的身上，还有很多其他的特征可以促进我们成功、幸福。而健康的自尊感与它们有积极的联系，如自信、现实感、直觉、创造性、观察力、灵活力、应变力、适应力、善良、合作精神。

如果我们缺乏自尊感，我们就会面临缺乏理性，无视现实，固执，害怕新生和陌生的事物，不当地顺从或叛逆、防备心理，盲从或武断的举止，害怕或敌视他人。我们将会发现，这样的关系具有内在的逻辑，其暗含的生存、变化和自我实现显而易见。

高度的自尊感，可以用来应对寻求有价值、远大目标带来的挑战和刺激。实现这些目标的行动本身就是在培养良好的自尊感。缺乏自尊感，被追求的目标只能是一些熟悉、老套、麻木和低级的目标。一个禁锢于老套、麻木之中的人的自尊感将遭削弱，成功就更加没有指望了。

在高尔夫球运动的世界里，泰格·伍兹是一个传奇人物，一个让热爱高尔夫球运动的人们激动不已的人物。他那似乎是与生俱来的信心，让他在年轻气盛的时候，在极短的时间里就统治了一个世界——高尔夫球世界，这也是人们喜爱他、崇拜他的原因之一。

提起泰格·伍兹，人们的脑海中总是浮现出"传奇"这个字眼。他的名字叫泰格（Tiger），意思是老虎，所以人们惯称他为老虎伍兹。伍兹称自己是亚裔美国人，据说他有1/4的中国血统，1/4的黑人血统，1/4的泰国血统，在另外1/4血统内，则包括白人和印第安人血统。伍兹是1975年出生，在幼儿时期他即表现出了非凡的高尔夫天赋。3岁时，他就能打出9洞48杆的成绩。5岁时，因其过人的表现，他上了美国《高尔夫文摘》杂志。1993年，18岁的他在全美业余比赛中夺冠，成为最年轻的美国业余比赛冠军，之后他连续3年蝉联这一赛事的冠军，创下了史无前例的纪录。1996年，伍兹21岁，他转入了职业选手的行列，他在职业生涯中取得的第一个成绩，是在密尔沃基公开赛中夺得了第六十名。

1997年是老虎伍兹大展才艺的一年。年仅22岁的他以创纪录的12杆优势在美国大师杯赛上称霸，同时，他获胜的成绩——低于标准杆18杆的270杆，也是一项新纪录。

接下来他又连创佳绩，使他的世界排名迅速上升，并最终排在了当年世界排名的第一位！

但是，在接下来的1998年，老虎伍兹步入了低谷，他只获得了一个PGA巡回赛冠军。伍兹的这种低迷状态一直持续到1999年底，情况才发生了转折性的变化，老虎伍兹又一次将自己摆在了万人瞩目的位置上：他在当年最后13个比赛中9次夺冠，其中还包括一个大赛，这使的奖金收入达到760万美元。同时，他又奇迹般地创造了一系列纪录。而他累计夺得的8个PGA巡回赛冠军，也让他成为继1974年的米勒之后夺冠最多的选手。年末，伍兹重登世界排名第一的位置，并以21项赛事夺得6 616 585美元的奖金，荣登PGA巡回赛奖金榜首位。

这一次夺冠之后，伍兹到目前为止，再也没有出现像1998年那样的大起大落，事实上，近3年以来，他已经成为高尔夫球运动的巨人，他所处的位置，是群起而攻之的位置。虽然偶尔也有失败，但更多的时候，是他让对手品尝失败的滋味。就如他从小便奇迹缠身一样，他在高尔夫球运动中依旧不断地创造着奇迹：2001年4月，在赢得美国大师杯赛冠军后，伍兹包揽了全部高尔夫球四大赛事冠军。为此他获得了一大堆荣誉，包括被美国《体育画报》评为年度"世界最佳男运动员"，被《体育新闻报》评为年度

"体育界最有影响力的人物"。在路透社、美联社的评选中，伍兹都荣膺"最佳男运动员"。ESPN 体育电视台授予他年度 4 项殊荣，而"飞人"乔丹即使在全盛时期也仅拿到过 3 项大奖。他还当选为英国 BBC 的年度"最佳海外运动员奖"。5 月 22 日，他又在第二届劳伦斯世界体育大奖评选中蝉联"最佳男运动员"的称号。除了运动成绩骄人，老虎伍兹的商业价值也令人惊叹，继成为体坛首富之后，他的下一个目标是要超越乔丹，成为体育界第一位赚取 10 亿美元的明星。

就综合运动成绩和商业价值来说，伍兹是体育界少有的成功人士。那么伍兹为何会获得如此令人惊叹的成功呢？最近，伍兹的好友，也是在体坛上创造了奇迹的篮球高手迈克尔·乔丹在接受 ESPN 记者采访时谈到了这个话题。

这个答案是自尊与自信。

乔丹认为，在当今体育界，老虎伍兹是一个拥有超乎常人的信心的运动员。在比赛中，一旦他取得领先，他就能够牢牢把握住这种优势；要是他必须打一杆远球，他立刻就能做到。而且他取得越多的成功，他就越有信心，然后这种信心又帮助他继续获胜，一切都相辅相成。

乔丹说："要成功，最重要的两样东西是自信和自尊。自信心是建之于你曾经做过此事，伍兹之所以

拥有过人的自信，是因为他自身的实力以及过去积累下来的成功经验。比如说，高尔夫球落入了树林里，伍兹想打个曲线球绕过树林，由于他已经碰到过这种情况，而且从解决困难中积累出足够的信心，他就能成功地把球打出树林；而我们这种人会想：好的，我也要打个曲线球绕过它。于是我们就狠狠地挥出一杆——把球打在面前那棵树上。

"另一个关键因素是自尊。伍兹的自尊表现，是在高尔夫球场上，他不让自己落在别人后面，他总是要比他的对手走快两三步，那也正是他为何能在比赛中领先的原因。我也有类似的方法，我绝不让身后的人赶上我。正因为如此，当比赛最后关头还是平局的时候，我会感到我拥有别人所没有的优势。伍兹告诉我他也有相同的感觉。这造就了我们的成功。"

他们的成功是以自信与自尊为前提的，而自信的强度决定于自尊的程度。自尊感越高，应付生活、事业中困难的能力越强，摔倒后爬起来的速度就越快，重振旗鼓的力量也就越大。（许多成功的人士在他们的创业及事业发展过程中都经历过两次或者更多的破产、失败，但挫折并不能让他们止步不前）

自尊感越高，我们的理想、抱负就越趋于远大。当然，这并不一定要局限于商业事业中，它包括生活中的广泛领域，如情感、才智、

创造力及精神等。我们的自尊感越低，我们追求的目标也就越低，我们的成就也就将越小。这两条道路对塑造自我都是有力而持久的。

自尊感越高，表达自我的驱动力就越强，它反映了我们丰富的内心世界。我们的自尊感越低，试图"证明"自己的欲望就越迫切，或者机械地、无意识地生活而忘却自己需要的表现就越强。

自尊感越高，我们与人交往就会越开放、诚实、得体，因为我们会觉得自己的想法有价值，所以我们欢迎而不是惧怕澄清一切。我们的自尊感越低，我们与人交往就会越模糊、闪烁、不当，因为我们对自己的思想、情感把握不定，对别人的反应焦灼不安。

自尊感越高，我们就越想与人建立健康有益的关系。这是因为同声相应，同气相求。对于有良好自尊感的人来说，他的活力与健谈友善自然远比虚伪、依赖性吸引人。

人际交往中有一条重要的原则：在与自尊感和我们相似的人的来往中，我们会觉得更舒适、更自在。个性相异的人在其他方面也许能相互吸引，但在自尊问题上则不然。自尊感强的人往往走到一起。比如我们无法看到自尊感极高和极低的两个人之间会迸发出强烈的爱情火花。这就像聪颖和愚蠢的人之间不会有浪漫的爱情故事一样。

自尊感一般的人相互吸引，自尊感低微的人相互找寻。当然，这并不是有意识的行为。其内在的逻辑性会向当事人显示他们终于发现心灵相通的伙伴了。最为不幸的人际关系是两个自视甚低者的密切交往。你要知道两个深谷的结合并不能垒起高峰。

自尊感越健康，我们便越可能以更多的礼貌、善心和公平性去对待他人，因为我们不会产生他人对我们构成威胁的想法，而且自爱也是尊重他人的基础。有了健康的自尊感，便不会轻易地以敌意的、恶意的感情去理解人际关系。当我们与他人遭遇时，就不会自然地生出拒绝、羞辱、欺骗、背叛等念头。

由此可见，自尊是决定各方面能力的心理基础。

从爱自己开始

害怕独处是显示低自尊的信号，低自尊是一种不喜欢自己的感觉，来自于一种无价值感和不配的感觉。

有许多人是寻求赞同的，总想从别人那里得到一些好的回报，这样的回报就算随时随地都可以得到，也无助于自尊的建立。他人尊重与自我尊重是两回事，如同我们在马斯洛的需求体系中所见，每一个人都希望得到别人和自我的尊重，这两种尊重的需求并不是出于同样的基础。

人生中，没有任何事物可以取

代快乐，而缺乏自尊就不太可能会快乐。自尊不能借着他人或环境来建立，只有自己才能给自己自尊。低自尊的人完全依赖别人如何评价他，这使他容易因为别人的看法或言语而受伤害。其他人其实不是最好的裁判，因为他自己也许自尊低落，也想要从外在世界中得到赞同。

你能不能享受独处？如果不能，也许是一种信号，显示你不能发掘自己人格的品质。不喜欢自己，会是一个巨大的障碍，你不能在休闲时享受独处。再者，如果连你都不喜欢自己，还能指望谁喜欢你？

要测出喜欢自己的程度，可以看看你花多少努力让别人来喜欢你。如果经常担心某人不喜欢你，或者讨厌你，你可能是自尊低。另一方面来说，你如果有高自尊，就不用担心别人和你意见不同，甚至不怕被他们讨厌。身为一个有高自尊的人，毫无疑问，你的朋友一定是重质不重量。滥交的朋友为数不少，却是人格浅薄，有品质的朋友区区几位，人格却比较高尚。

你若是缺乏自尊，必须培养自尊，它的基础就是要有能力喜欢自己，不管别人对你的看法如何。如果朋友或熟人不支持你的转变，你可能要放弃和他们的交情。如此一来，你就可以把记分板放在自己的标准上，而不用放在别人的标准上。

你一定要先爱你自己和这个世界，然后才能为这个世界效劳。培养高自尊能使你的生活免于陷入空白。

恐惧的根源在于自尊感低

当你的自尊感低下的时候，你经常会为恐惧所左右，害怕现实，觉得生活于此间不踏实。你害怕事实，无论是关于自己或他人。你拒绝他们、排斥他们、压制他们。你害怕自我伪装的崩塌、害怕拒绝、害怕失败的耻辱，有时甚至害怕成功带来的责任。你生活更大的目的在于避免痛苦而非体验欢乐。

那些在充满"挫折"、"消极"的自我心像以及各种批评的环境中长大的孩子，经常会成为吹毛求疵的人，缺乏足够的自尊。"害怕被拒绝"的恐惧因此成为"害怕变化"，于是他们随波逐流，追求与社会制度相配的安全与地位，不敢"轻举妄动"。"害怕变化"最后成为"害怕成功"，"害怕成功"几乎和"害怕被拒绝"一样强烈。

"害怕成功"之所以会充斥在我们的社会中，原因在于我们小时候所受的教育。在婴儿时期，我们一直被抚抱，接着，我们开始知道，有许多事情是我们做不好的，有许多事情是我们不应当去做的。更重要的是，我们会在电视上看到心目中的英雄，彼此互相指责、互相残杀、互相破坏对方的生活，然后，奇迹般地在最后关头完成任务。我

第二章 自尊的种子

们在家中看到心目中的模范人物——我们的父母为金钱问题困扰，有时候也不是那么相爱，可能他们收看"欢乐家庭"的晚间电视新闻时，还会厌恶地摇着头。在我们以10多岁青少年或小大人的身份踏入这个世界之前（现在的小孩子，呆在"家庭旅馆"的时间越来越长了），我们得到了这样的指示：今天的世界，比我们父母那个时代糟多了。我们被警告说，由于物价的关系，我们将永远无法拥有一栋很好的房子，我们现在只能盼望住进一栋12层高的狭小的公寓里。

所有这些令人泄气的现象中，又产生了一种最奇怪的矛盾现象，我们的父母对于没有太多时间陪伴我们享受美好时光而感到深深地愧疚，因此他们企图收买我们的爱，于是供给我们大量的金钱，以及各种他们无法享受的物品，最后，他们却告诉我们，出去奋斗，为自己的权益去奋斗，要干得比他们好。同时，他们还对我们做了很微妙的暗示提醒："既然我们对你的前途做了这些重大的牺牲，那么，你绝对不能失败。"

结果我们就产生了"害怕成功"的后遗症，甚至对任何尝试都恐惧。它的特点就是拼命为自己做合理的解释，以及尽量地拖延。"我无法想像自己独自获得成功。""我可以替你办妥这件事，但我无法替自己办妥。""我按照他们通知，在早上8点30分就去应征，但我到了那儿，应征的队伍已经排了半条街道，所以，我就离开了。""我很愿意做这件工作，但是我没有足够的经验。""我会把那件事办妥的，只要我有充分的时间……在我退休之后。"

大多数人都了解，普通人只要运用想象力，就能发挥创造力。他们都曾经阅读过一些伟人传记，这些伟人本来也都是普通人，他们都是在克服重大的缺点与障碍之后，才成为伟大的人物的。但一般普通人，却无法想象这种情形会发生在他们自己身上。他们使自己安于平凡或失败，并在希望与嫉妒中度过一生。他们养成了回顾过去的习惯（加强了失败的意念），并且幻想同样的情形会再出现（预测失败）。他们受制于别人所定下的标准，因此，经常把目标定得高不可及。他们既不真正相信梦想能够实现，也未充分准备有所成就，因此，他们一次又一次地失败了。

失败已固定在他们的自我心像中，就在似乎已有突破达到顶点或真正进展的时候——他们却把它弄砸了。事实上，对成功的恐惧感，使他们拖延了成功所必需的准备工作以及创造的行为。而为失败所找出的合理解释，正好可以满足这种微妙的感觉："如果你们也经历过我的遭遇，你们也不会有所进展的。"

如果我们感到自己无法理解必须应付的现实生活的至关重要的部

分，如果我们以无助的心态面对生活中重要的问题，如果我们因害怕成功或害怕失败而不敢坚持理想，如果我们感到现实是自尊感的敌人（或假设它是），那么这些恐惧会挫伤我们的意识的效力，并进一步使问题恶化。

对待生活的基本问题，如果我们以这样的态度，如"我是谁，怎么会知道！""我是谁，怎么会判断！""我是谁，怎么能肯定！"或者"有意识真危险"，或者"努力去理解、去思考都是徒劳"，那么在起步时我们已经伤残了。若连自己都认为自己的追求不可能实现或无价值，那么我们还会努力求索吗？

我们的自尊感并不能决定我们的思想，它们之间的关系没有那么简单。自尊感影响的是我们的情感推动力。我们的情感趋向于鼓舞或滞后我们的思想，推动我们追求或躲避事实、真情或现实，引导我们趋近或远离成功。

怎样排除恐惧

我们应如何纠正自己错误的思想，并协助其他人克服害怕或失败的恐惧？下面这些实用的规则是每个力求上进的人应该遵守的：

1. 把个人和他的表现分开。

和其他人沟通时，要把他的行为或表现与个性或身份绝对分开来。对事不对人。

错误："你是个骗子。"

正确："你的说法和我所想的不同，我们一起来探讨一番。"

错误："根据你的主管报告，你很懒，工作效率也差。"

正确："你的主管和我深信，你有能力把工作做得更好。如果我能帮忙的话，请尽管提出来。"

错误："把你的房间整理干净，懒猪！"

正确："家里每一个房间都很整洁。我要到店里去一下，你利用这个时间把房间整理好。我回来后，希望可以看到你如何把衣橱里的衣服整理得更好。"

错误："除非你用功读书，否则你永远上不了大学。像这样的成绩单，能找到一个扫街的工作，就是你的福气了。"

正确："看了你的成绩单，虽然我无话可说，但是我知道你本来有能力取得更好的成绩。我到你的学校去了一趟，和你的导师及几位老师谈过话，他们深信你一定可以得到更好的成绩。我相信你办得到。我爱你，我知道你一向尽力而为，这一点最重要，我很关心你的生活。你需要我帮助吗？"〔上面这段长长的答案，是丹尼斯看到他自己的孩子成绩不理想时，与孩子实际的交谈。结果，由于丹尼斯对孩子表示关切之情，而且把他的表现（成绩）和他本人（孩子）分开而论，因此，孩子的成绩进步神速；同时，在丹

尼斯不断打气之下，他最后成了模范生，并且不断地进步。〕

2. 批评表现，称赞表现者。

责备某个人的某种表现之后，应该立即对这个受责者其他优良表现加以称赞。维护他人自尊，即是提高自己的自尊。

错误："你几乎赶不上所有的生产进度，如果你继续下去，今年，我们这一部门将会亏本。"

正确："我需要你帮助我赶上我们的生产期限。我们这一部门必须增加工作效率才能转亏为盈，我盼望你发挥更大的直接影响力。顺便提一下，由于你的帮助，我们的产品质量极佳，使我很高兴。谢谢你，很少有顾客向我们提出抱怨。"

错误："如果你再像目前这样子，每个周末到俱乐部去喝个烂醉，那么，我只好到别处去找乐子了。"

正确："我们下个周末何不改变一下生活方式，去看看我们一直在讨论的那场百老汇戏剧。我希望和你共享一些有意义的时光。"

错误："对于你的防守表现，我无话可说，但你必须更专心一点，不要再漏掉那些边线自由投射了。漏掉自由投射，往往就会输掉一场比赛。"

正确："自由投射得分比例高的球队才会赢球。这样很容易得分，因此，我们必须尽量去争取。下一周开始，每天用15分钟练习自由投射。不过，你的防守真是厉害

无比。"

3. 在私底下谴责个人的表现。

如果称赞的对象是团体中的某一个人，最好也在私底下加以称赞。公开谴责是最坏的惩罚方式，会伤害个人的自尊，引起个人对成功与被拒绝的恐惧。公开称赞某人，将会引起员工之间的嫉妒或家庭中兄弟姐妹的不和，特别是提名的比较更是如此。最有效的称赞方式是面对面地私底下进行，而且要在受称赞者事先未预料的情况下；另一种同样有效的方式，则是在一次众人所关切的颁奖仪式中进行。

以上的做法都是在培养你自己或他人的价值观念。有了价值观念之后，自尊就会加强。在恐惧中成长的孩子，长大后在每一行中，都会落在别人之后；反之，在称赞中长大的孩子，将学会独立，即使环境恶劣，也会出人头地。

被宠坏及溺爱的小孩，长大后会变得贪婪；富于挑战与责任精神的小孩，长大后会有价值感与目标。

生活在沮丧中的人，需要借助烟、酒及药物来振奋精神；在乐观中成长的小孩，长大后将会认为他们是注定要功成名就的。

在怨恨中成长的孩子，长大之后将看不到美与真爱；在爱心中生活的人，在他们一生中将会把爱心分散给其他人，而且不懂得什么是恨。如果我们不断向别人提醒那些在怨恨中成长的孩子们的缺点，那

么他们将会成为我们最不希望见到的那种模样。但是，如果我们说："你能成为我们之中的一分子，我们真是太高兴了。"那么，他们将会高兴万分，而以身为我们之中的一分子为荣。你对你自己也应如此强调。

相信你的价值

成功的人相信他们自身的价值，即使只剩下梦想而无其他凭借时，他们也会坚守理想。为什么？因为他们的自我价值观念比他们是否为他人所接受的恐惧更为强烈。

成功是生活中的一种"结束"。每一次结束就代表了一次新的开始。物质成就指的是满足某种需求的产品设计，一个发明家的产品大量生产之前，与发了大财之后，这个发明家的价值都是相同的。了解这一点之后，他（她）才有勇气继续研究下去。

霍威发明了缝纫机，妇女们嘲笑他许多年。这些妇女们说，在使用缝衣机后，缝衣工作很快就做完了，多出来的时间叫她们如何打发呢？霍威一生当中，穷得必须向人借西装来穿，然而他的缝衣机，却制造了许多他永远买不起的衣服。

有一位大学教授，不仅聪明，而且好学。他的妹妹听觉不好，为了加强听力，他制造出一种极为复杂的机器。经过很多次的失败的试验，他终于成功地生产出这种机器。

他花了好几年的时间，在英格兰到处旅行，企图找人投资以实现他的梦想。他说，他可以用一根电线来传送人类的声音，使人们在几里外也可以听到。人们听了他的话后，都忍不住哈哈大笑。确实如此，他们还嘲笑他说，他认为他的机器能将人的声音传到一里外，这足以让人敬佩他的勇气了。但在今天，没有人敢嘲笑贝尔。贝尔博士即使在只有他自己相信自己的情况下，也仍然坚守应有的自尊。

据说，卡通大师沃尔特·迪斯尼经常拿一个新构想去请教 10 个人，问他们的看法，如果这 10 个人一致否决这个新想法，他就立即把这项新构想付诸实现。当然，他早已习惯被人拒绝。当他在好莱坞到处推销他的"汽船威利"的卡通观念时，穷得几乎破产。你能够想象在当时那个无声电影时代，他是如何到处推销一只以假声发音的小老鼠吗？沃尔特·迪斯尼有伟大的梦想，全世界的小孩子，从日本的迪斯尼乐园到美国佛罗里达的迪斯尼世界，都永远不会忘记他。到底哪一个时期的沃尔特·迪斯尼先生比较伟大？是他身无一文而且还在替米老鼠配音的时候？还是在他拍过那些伟大的电影之后？还是在他建造了迪斯尼乐园之后？价值存在于人的本身，而不是在于他所做的行为。

每当丹尼斯想到梅尔夫人，就

忍不住赞叹，她怎么会如此勇敢又聪明，胆敢假设一名普通的妇人，竟能当上一个国家的第一位女总理？她的外表虽然平凡，但内心美丽。还有撒切尔夫人，她在21岁时，才离开父亲的杂货店外出独立——她怎能如此大胆地认为自己可以在这动乱的世界局势中领导英国？摩西老祖母更是"大器晚成"，她一直到70多岁才开始画画，而且画出了500多幅出色的艺术品。最初，没有人喜欢雷诺瓦的作品。一位巴黎专家看过他的画，不屑地说："我看，你只是乱涂，让自己高兴罢了。"雷诺瓦回答说："当然，当我的作品不再令我感到高兴时，我就不再画画了。"

南丁格尔伯爵在广播节目"瞬息万变的世界"中，也讲了雷诺瓦的另一个故事。他说，每个人都劝雷诺瓦放弃绘画，因为他们认为他没有绘画才能。一群被当代艺坛排斥的画家，组成了一个属于他们自己的小集团，其中包括了德加、毕加索、莫耐、塞尚以及雷诺瓦5位杰出的艺术大师，不管别人如何嘲笑，他们仍然秉持自己的信仰，画出他们所想画的作品。南丁格尔伯爵继续说道，雷诺瓦晚年得了风湿症，尤其手部最为严重。有一次，大画家马蒂斯去拜访这位年老的画家，他注意到雷诺瓦每次一挥动画笔，就非常的痛苦。马蒂斯问道："你为什么还要作画？你为什么要不停地折磨自己？"雷诺瓦缓缓回答说："痛苦马上会过去，但是美丽的创造与兴趣，却会永远留下来。"

成功在于有意识的选择

认定自己的能力才会成功。你是不是曾经这样告诉自己——

我无法想象自己会成功。

我很想成功，可是我经验不足，学历也不够。

我没法出人头地，因为我太矮（或太胖、是女人、出身贫寒等）。

事实上，大多数的人失败和颓丧是自己胡思乱想造成的，结果他们都害怕去尝试。

我们大都知道，或在书报上读过这类故事：有些人才智并不出众，却在事业上大放异彩；有些人历经重大打击和困顿，仍然坚持奋斗，终于成为伟大的人物。

但为什么许多人无法想象他们自己也能有所作为？他们会说："不错，他们做到了，有些人也正如此做，但我不能，因为……"

成功在于有意识的选择。

古往今来，几乎所有伟大的哲学家都有这样一个看法：绝大多数人的人生都如同梦游一样。

梦游是在睡梦中无意识的行为的一种病症，这种形容恰恰说明大多数人对生活是一种无意识的选择，他们只是对眼前发生的事情做出反应，被事情所操纵，却很少去操纵事件的来龙去脉，很少认真地设计自己的人生。

对成功至关重要的自尊的养成也是如此。

如果我们的行动中不能融入相当程度的意识，如果我们不能有心智地生活，那么我们必将受到惩罚，我们的自我效力与自爱就会减退。生活于心智的云山雾海中，我们怎能体会到自己的能力与价值？我们的智力是生存的基本工具，背弃了它，我们的自尊感就受到了伤害，这种背弃最简单的展示就是逃避令人局促懊恼的事实。

在思考与麻木、尊重与逃避现实间，我们做出了无数的选择，而由此我们获得了自我认识。在意识层面中，我们几乎回想不起这些选择了，但在我们内心深处，它们不断沉淀，其最终结果就是称之为"自尊感"的体验，自尊感就是我们自己挣来的名声。

在才智上我们各有差异，但才智不是最关键的，有意识的生活的指导原则不受才智高低的影响，有意识的生活要求我们努力探明与我们行动、目标、价值和目标相关的所有事情，我们要尽最大能力去做，不论自己的能力有多大。我们的行动应与自己的所见、所知保持一致，这样在你面临随后遇到的种种问题进行选择时，你就会给自己一个与自己价值相符的选择。成功就是一连串有意识的选择，但需要自尊的标准来判断。

发挥你的才能

自尊是把持和发挥自己才能的前提，只有具有相当的自尊心，才能客观地发挥才能，不自卑、不自大。心理学家兼哲学家詹姆士早在很多年以前就这样写道："与我们应有的表现相比，我们实在只发挥了一半（甚至更少）的潜能。"

确实，在很多事情上我们都没有全力以赴。研究人类潜能的科学家估计，人类的90%的能力从未动用。有的专家甚至说，人类潜藏未用的才能高达95%。

我们大都不知道自己究竟拥有多少才能，但请想象一下，只要能开启潜能的宝库，我们可以成就多么伟大的事业。一家企业如果仅以5%或10%的效率经营，必定倒闭。那么，我们在迈向成功的过程中，又怎么能够发挥同样比例的能力呢？偏偏多数人已感满足。为什么？是什么力量阻止我们尽展才能？

第一，我们没有认清自己的能力。这不足为奇，因为我们从小接受的教育，都是教我们注意自己的缺点和错误。幼年时，父母总是告诫我们这不能做，那不能做。上了学，每次考试的结果都在告诉我们错了哪几题。就业以后，工作稍出偏差就可能受到指责，难怪我们总觉得自己的能力有限。

第二，我们有时又会高估了自己的能力。这并不是说我们没有能力达到预定的目标，而是说我们由于高估自己的能力，所以没有做充分的准备，又不能坚持，因此惨遭失败。

第三，也是最重要的，即我们根本忽略了自己多方面的宝贵才能。我们从小就局限自己，发现了自己的一两种才能之后，就再也不去发掘其他才能。有些人究其多年之力发展一项才能，没想到天有不测风云：一名技术工人被机器人取代；一位中年女秘书被迫学习操作文字处理机；一位在职已30年的企管人员因公司合并而遭裁撤；一位企业家的公司因市场情况转变而倒闭。以上这些人原有的长处忽然之间都失去了用武之地，他们是否应该感到受挫和不幸呢？那倒不一定。其实，只要他们能了解，成功与幸福也许在另一个行业、另一个领域内等着他们，而他们也有潜力达成新的目标，就完全不必懊丧了。下面就是一个很好的例子：

比尔是福特汽车公司的一名装配工人。传说他这个部门不久就要"全面自动化"，不再使用人力了。同事们既烦恼又忧愁，因为他们大都已步入中年，本以为可以在装配线上一直工作到退休为止。比尔的处境和他们一样，同在这艘即将沉没的船上。但是，他为自己制造了救生艇。在一切都未定案之前，比尔便利用晚间去学习电脑硬件修护，并将此事告诉领班。大约过了一年，传说的事情真的发生了，厂方遣散了110名工人，以机器人替代。比尔收到解雇通知后，要求与领班面谈。他告诉领班："你可能需要一个人，使这些新机器保持最佳状态。而如果这个人熟悉装配线的作业情形和应该注意的事项，可能更好。"领班也有同样的想法，于是向上司推荐了比尔。比尔不但得到了这份工作，有了新头衔，还加了薪。像比尔这样尽其所能，发挥长处的人，实在是少之又少。

《圣经》中有一则善用才能的故事。现代英文中的"才能"一字，在古代本是一种钱币的单位（泰能），而另一方面"才能"也是象征上天赋予个人的财富，因此这则故事特别动人。

故事叙述一位大地主把他的财产托付给3个仆人保管及运用。他给了第一个仆人5个泰能，第二人仆人2个泰能，第三个仆人1个泰能。地主告诉他们，珍惜并善用各人拿到的钱，一年以后他要看看他们是怎么处理这些钱财的。

第一个仆人利用这些钱多方投资；第二个人买下一些原料，制造货品出售；第三个人却把他的泰能埋在树丛下。

一年过去了，第一个仆人的财

富增加了一倍，地主甚为高兴；第二佣仆人的财富也加了一倍，地主同样欣慰。接着他转头询问第三个仆人："你的泰能是怎么用的？"

这名仆人解释说："我唯恐使用不当，所以小心埋藏起来。还在这里！我把它原封不动地交还给你了。"

主人大怒："你这个懒惰讨厌的仆人！竟敢不使用我给的礼物！"

丹尼斯告诉我们埋没才能就是浪费才能。不论天赋高低，善用才能必为天神所喜。

尊重你自己，尊重你的才能。

建立自尊的10个步骤

以下各种做法都是在日常生活中，建立自尊的简单而有效的练习。反复实践，你的自尊就会越来越强。

1. 随时以微笑面对你所遇见的人。被人介绍与陌生人见面时，一定要主动而清楚地说出自己的姓名；要先伸出手去；当你说话时，要望着对方的眼睛。

2. 打电话时，不管在家中或办公室里，你一定要很愉快地接电话，拿起电话后，立即向对方报出你的姓名，然后再问对方是谁。不管什么时候，当你主动打电话到别人家里或公司时，都可能有某些陌生的声音在接听电话，所以你一定要先报出自己的姓名，然后再说出你要找的人，或者说

出你的目的。

3. 你在驾驶或乘坐汽车时，不妨听一些有启发性的广播节目或音乐带。汽车是这个世界最佳的移动空间。不妨利用这个机会，听听具有教育意义又能启发自我的节目。

4. 投资在你自己的知识上。报名参加某种补习班或训练班，学习某种技能，或培养优良的品格。把书店和健身中心当做你新的"娱乐"场所。

5. 随时不忘说"谢谢你！"尤其在你受到赞美时更要这样说，不要提高或降低这些赞美的价值。有接受赞美的心，代表这个人有坚强的自尊心。

6. 不要夸口。大声夸耀成就、嚷着要替人服务的人，实际上是在请求别人的援助。那些吹牛者、喜欢说大话的人，其实不过是为了引起人们的注意。

7. 不要把你的问题告诉别人，除非他们和解决问题有直接的关系。不要找借口。成功的人所找的都是那些看起来成功的人，因此对于你所企图达成成果的进展，要说得很肯定。

8. 找出成功的"模范人物"，使你自己可以模仿他。如果你遇见一位"大智者"，你也要成为一名"大智者"，尽量学习他成功的方法等。这尤其适用于你所恐惧的事情。找出某个人，而他已经成功地克服

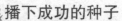

了同你一样的恐惧，从他那儿获得启示。

9. 当你犯了错，或遭人嘲笑、拒绝时，把这些错误当做学习经验，把嘲笑当做无知。遭到拒绝之后，回过头来检讨失败、成就与目标。把拒绝看做是一种行为，而不是对你的排斥。

10. 在这个星期六做些你真正想做的事情。这并不是说下个月，而指的就是这个周末。享受你的生活，享受你力所能及的事情。你有权利享受，永远不会有另外一个你。这个星期六反正是要过去的，为什么不从每星期中抽出一天的时间，供你自己独自享用呢？

第二章　创造的种子

创造历史是最珍贵的财富，你拥有这种能使你把握生活的最佳时机，从而让你缔造伟大的成就。别忘了，你是导演、编剧和演员。

富有创造力的人必须懂得，要变得更有创造力，一开始就得发现众多的可能性，每一种可能性都有成功的希望。

号称是世界第一的美国固特异轮胎公司的董事长查理斯·固特异，本来是个小轮胎店的童工。但研究心和进取心很强的他，天天都在想着如何改良轮胎，使它更耐摩擦，更具有弹性。

早晨一起床，他就思考轮胎的问题，连吃饭、在店里工作或洗澡时，都在思考着轮胎的材料和改良轮胎的实验方法等，甚至晚上都辗转反侧地思考。

但他始终想不出一个好办法。由于身心疲劳过度，一天，他太累以至很早就睡下了。这时，他做了一个不可思议的梦——梦见把橡胶和硫黄混合起来晒干后，竟变成一种坚韧的橡胶。这简直像神的启示，他一骨碌爬起来，马上跑到实验室，按照梦见的方法实验，然后等待天亮，好晒太阳。结果，竟然梦想成真了！

唯一美中不足的是，这种橡胶具有在冬天硬化，夏天软化的不稳定性。他想，难道不能克服这种缺点吗？于是他继续研究和实验。

一个寒冷的冬天，他无意中把粘有混合硫黄和橡胶黏液的手伸向火炉想取暖。

"好烫！"他赶紧缩回手一看，沾在他手上的胶液，竟变成了一种弹性很高的橡胶了。

"这倒奇怪！烤火，竟会使橡胶的性能变得优良起来！这究竟是什么道理呢？"

固特异接着研究加热温度，结果，发现在胶液中掺入硫黄，加热到摄氏130度即成优良的橡胶。

他以为是"神的启示"，欣喜若狂。其实，那是想象力在潜意识中发挥了作用。

他这种橡胶加硫黄的方法终于获得专利权，连世界著名的石桥轮胎制造公司都购买了固特异的制造技术。

由于发明了这种加硫法，固特异竟跃居成为世界第一轮胎公司的董事长。其成功的根源，可以说是把握到"非科学"的"梦"，把它移入实验，以及烤火时，没有放过粘在手上的少量胶液的变化现象所致。于是，因为在平时播下创造和想象的种子，而关键时有了收获。

拿破仑曾经说过："想象力统治全世界。"爱因斯坦也认为："想象力比知识更重要。因为知识只限于我们现在所知道和了解的，而想象力却包括了整个世界，以及我们未来将知道及了解的一切。"

地球上所有的生物中，只有人类没有被赋予生存的"软件"程序。昆虫、兽类及鸟类，天生就知道如何求得生存。而人类求生的本能要靠学习来实现，但人类具有比任何动物更好、更复杂的能力。因为动物的生存本能，只限于每天如何找寻食物和住处、如何躲避或征服天敌，以及如何繁殖下一代，所以，它除了安全与生存之外，就没有别的目标了。而人类因为具有创造力，则可以不断地发展至今。人类从原始社会走到现在，没有创造性的发展是不可能的。

想象力左右成败

人类虽然没有如电脑程序一般的本能作为生活指南，却很幸运地拥有创造性的想象力。这就是模范人物、积极的家庭鼓励与健全的精神价值制度等如此重要的原因。由于我们并不是天生的游牧民族，也未被局限在固定的环境中，因此，我们需要"地图"指引我们。对成功的人来说，这些"地图"就叫做模范角色与自我价值认知；对尚未成功的人而言，它们无疑是高不可攀的偶像。

并非所有的人天生就有"自我感"。我们就像一部无法反映影像的空白镜子。从婴儿时期开始，我们通过五官的感觉来体验世界，并形成自我心理影像。而自我心理影像（简称自我心像）若加以滋养和栽培，就会成为一块肥沃的田地，幸福与成就会在上面成长、繁衍。但是，只迷信这种心理的自我观念，而未使它受到充分的滋养或重视，就不免使其成为一个荒芜的水池，只会产生些微小的成果和不正常的行为，以及不幸福、不成功的挫败感。

一位心理学家对一位12岁的小男孩进行智能测验的情形就说明了这个问题。测验的项目之一是拼图。小男孩试了一试，很快就放弃了，他沮丧地说："我办不到，太难了。"他的自我心像告诉他，如果某些事情看起来像是一次考试，而且你觉得困难，那么，你干脆把它放弃算了。

许多人认为自己能力不足。他们

的"内部录影机"在童年时代就录下了这样的讯息:"我无法把事情做得很好,尤其是新的事物。我想人们不会喜欢我这个样子。即使努力去尝试,也没有什么意思,因为我可能会做错,再说反正也不会成功。"在这个广大的国家里,竟然有多得令人吃惊的人在学习与改变自我方面遭遇最大的困难,不管对他人或是对他们自己来说,这真是个问题。

下面是他们在面对改变与尝试时,常用的50种借口,它们扼杀了创造力,也就扼杀了发展。

1. 以前从未做过
2. 别人未试过
3. 以前从未有人试过
4. 以前我们试过了
5. 别家公司(别人)以前试过了
6. 25年来我们一直都这么做
7. 这一套小公司行不通
8. 这一套大公司行不通
9. 我们公司行不通
10. 好好的干嘛改
11. 老板绝不会出钱
12. 需要更进一步的调查
13. 我们的竞争对手没有这么做
14. 改变太麻烦了
15. 我们公司不同
16. 宣传部门不能打广告
17. 业务部说卖不出去
18. 服务部说不满意
19. 工人说办不到
20. 办不到
21. 没有经费
22. 没有人选
23. 没有设备
24. 工会联盟会反对
25. 太不切实际
26. 我不能教老狗学新招
27. 这种改变未免太过激进
28. 这不在我的责任之内
29. 这不是我的差事
30. 我们没空
31. 有碍别的程序
32. 顾客不会买
33. 违反公司政策
34. 会增加经济开支
35. 员工绝不会买
36. 那不是我们的问题
37. 我不会喜欢
38. 你说的没错,可是
39. 我们没有心理准备
40. 需要再三考虑
41. 管理当局不肯接受
42. 我们不能冒这个险
43. 会赔本
44. 回收太慢
45. 现在我们做得很好
46. 需要成立委员会研究商讨
47. 竞争对手不高兴
48. 先睡觉,明天再说吧
49. 本部门行不通
50. 不可能

另一方面,成功的人士内心的"录影机"所录下的讯息是这样的:"我可以把事情做得相当好——各种事情都可以。我可以尝试新的挑战,而且获得成功。如果事情一开始进行得并不顺利，我仍然要继续尝试下去，或是吸收更多的资料，换一种方式来进行，直到成功为止。"不管在社区办公室、学校或家里，对任何人来说，这些人都代表最少的问题。这些极少数的人，不但学到最多的知识，通常还能够把他们所学习的知识传授给其他人，或是与大家分享。他们已经发现可以把想象力当做控制生活的一种仪器——如果你的想象力看不出自己能够做什么事，或是有什么成就，那么，你将真的办不到。"你是什么人，并不会阻止你进步；反而是你认为你不是什么人，才使你无法进步。"

幻想的力量

哈佛大学一个研究组最近所做的研究结果显示，"我们所观看到的事物"确实能够影响我们的想象力、学习模式以及行为。其过程是这样的，首先，我们经常接触各种新的行为与人物；然后，我们学习及培养这些新的行为；最后，也是最重要的一步就是，我们把这些行为当做自己的行为一样接受下来，这样它就变成了我们的东西。在人类发展的过程中，我们必须了解的重要事实是"重复观看"与"重复诉说"在塑造我们前途上所发挥的重要影响力。各种知识及资料每天以"无害的，且几乎不为人所注意"的方式持续输进我们的脑中，但我们

并没有反应，到了后来，我们再也没有能力去了解反应的基础。换句话说，在我们不知不觉当中，我们的价值系统就已经形成了。

如果你和我能够打开我们脑中的屏幕——这时候，我们的头脑是摄影机，而不是接收机——那将如何？如果我们能够自己编写、制作、演出、排演及播出自己的节目，同时又能把它们录下来，供我们自己观看，以及日后播出，那该有多好啊，我们可以这样做，其实每天的生活中，不管白天或是夜晚，我们也确实这样做。事实上我们的思想无法分辨真实的生活经验和生动重复的幻想经验。

解释这种想象经验的力量，是了解人类行为的基本关键。你所看到或想到的，就是你所将得到的。我们在生活中的表现及行为，并不是配合事实，而是配合我们对事物的看法。我们每天所做的决定中，有很多是以我们对自己的看法为基础，而且这些看法全被当做"事实"贮存在我们的脑中——实际上，这些观念只是综合了我们从家人、朋友及同伴那儿听来的一些资料、过去的经验，以及我们从书本、广播、电视中所听到和看到的一些信息罢了。

在生活中，每一刻的现实生活都在把电脑程序输入（或者，我们允许他人把电脑程序输入）我们的"自我心像"中，让它为我们工作，

或破坏工作，可以把它想象为一个执行程序的机器人。由于这种机器人只有执行程序，没有判断能力，所以只会努力地满足我们为它设定的态度与信仰，不管这些态度积极或消极，真或假，对或错，安全或危险。它唯一的作用就是遵从我们预先输入的指示，而且是绝对服从，就如同一部个人电脑把输入的任何东西照样反馈出来——完全是自动反应。

输入你的"自我心像机器人"记忆单位的影像、声音及感觉资料，大部分都会保留在你的记忆单位中。我们在一生当中所输入的几十亿个完整或单独的资料，全都保留在那儿，等待我们去取用，而且好像永远无法把它们消除掉。你可以在某段时间内以更强的讯息掩盖它们，或改变它们的作用，但你却要终生拥有它们。令人感到惊讶的是一个有关脑部手术的研究报告，在这项研究中，科学家用一根细电线刺激病人的脑细胞，便使病人恢复了关于过去的某些记忆。这些记忆十分强烈而生动，所有的细节都再度出现在脑海中——声音、色彩、玩伴、形状、地点、气味等等。病人不仅恢复记忆，也再度体验了过去的生活经验。

成功始于练习

想象力是影响我们的世界命运和个人命运的一种重要力量，在你阅读本书以前也是如此。创造性的想象有助于发挥你的潜能，使你事业成功，生活如意。你将会发现，想象力使你获得新的思想和创造性的工作方法，将使你从每天的繁琐事务中解脱出来，富于创造性和想象力的你，不会满足现有的方式，而是对不同问题采取不同的创造性的方式，努力探求新的途径和手段。想象可以说是成功的一种练习，没有运用想象力的思维练习，成功很少会实现。

这种练习需要一个放松的头脑，尽管像莎士比亚、巴赫、狄更斯这样富有想象力的人也都是在逆境中奋起的，但天才最富创造性的灵感的产生却都是在思想放松的情况下，运用潜意识的力量创造出伟大的作品的。比如，托马斯·爱迪生整天像个瞌睡虫，却拥有着许多发明创造，人们称他是门尔公园的魔术师。沃尔夫冈·莫扎特喜欢以打台球来放松神经，这个时候，他的脑海里就会发出旋律的奏鸣声。发明家詹姆斯·瓦特空闲时看壶水沸腾，由此发现了蒸汽动力的奥秘。依萨克·牛顿在花园散步时，看到一个苹果掉下来，由此引发出了万有引力说。玛丽·居里夫人在做其他实验时发现了镭的放射性。我们每天都可读到这类文章，介绍人们怎样运用想象解决了一直未能解决的问题。

运用自知、自律和想象的创造

力开发你的潜能、主宰自己的命运吧！但是，不能把想象同虚构混同起来。想象是一种独特的表象，一旦你的想象得出结论，你应该承认它的真实性。想象自己的力量是至关重要的。不能想象自己不相信的东西，比如，你可能幻想有一大笔钱，足够你付账和派上别的用场，同时你又害怕这么多的钱会毁了自己，或者害怕你所爱的人只是为了你的钱才跟你好。这样是虚构，因为你不相信自己想象的事物是真实的。

有位伊朗人在遭受绑架，被关押，面临生命危险时，为了放松自己，在想象中坐火车从伦敦到孟买，一共坐了44天。

在想象中他自己拥有一间私人卧铺车厢，里面有一张可以放下的床铺。他走过7节车厢，到餐车用餐，并在车厢内饮一杯美酒，欣赏窗外疾驰而过的落日美景。受到外界的压力时，他的内心依然保持一片平静。这种想象，使他从容地应付了被关押的寂寞与恐惧，后来他真的到了孟买。

丹尼斯研究过人质、战俘、足球明星、奥林匹克选手、商业高级人员、母亲、父亲，以及小孩，他们的基本点总是相同的：重复成功或失败的过程，或是事先演出未来的成功或失败。有趣的是，丹尼斯注意到，孩子们原来并不知道如何事先表现失败，但他们的父亲、同

辈，以及其他模范人物不断告诉他们怎么做，于是他们也学会了。更悲哀的是我们看到孩子和成人被教导停留在过去的错误中，而不是把它们当做学习经验，用来加强他们的幸福与成就。

当丹尼斯从海军军校毕业之后，便去接受海军飞行训练，在此之前，他从未研究过飞机在半空中相撞、坠毁或是撞毁在崎岖山区的情形。他学习精确的编队飞行、如何应付飞机突然失事或翻转，以及如何在零下的气候中，以吃树根和树叶来求生存。这期间，丹尼斯甚至尝过了"俯冲浸水"的滋味：坐在一个封闭的装卸和驾驶舱内，从40米的高度，一下子俯冲到游泳池内。丹尼斯很喜欢这项练习，但后来，别人告诉他，他将是第一个练习在水下打开驾驶舱逃生的学员，这可把丹尼斯吓坏了！他向教官——一位脸颊上有着疤痕的海军陆战队少校，提出的第一个问题是："以前是不是有人在这种试验中失败而无法逃生？"教官皱起眉头，指一指穿着潜水衣，在游泳池内像梭鱼那般游来游去的蛙人，他们正等着救援那些逃不出来的人。"要在头部顶着游泳池底的情况下，解开座椅的安全带和肩带，从椅子上离开。穿着全副的飞行装、马靴，戴着铜盔还带着降落伞，在水底下游一段距离，避开海面上正在燃烧的油渍——全部要在90秒内完成，如果办不到，那

么，蛙人会上前把你救出来。练习的时候，一定要做好，将来情况发生时才不会出错。"他这样咆哮着。

日常生活中，我们不断地选择担当的英雄人物、全家要观赏的电视节目、将要阅读的书籍、将加入的社会团体、想隐藏的记忆，以及所要做的预测等，如果我们把所有的这一切都当做"练习"，那对我们将有很大的帮助。几乎每个人都记得，而且也能重述宇航员阿姆斯特朗踏上月球表面时所说的那句话："这是我个人的一小步，却是人类的一大步。"但是，只有极少数的人记得他在无线电转播的其他谈话内容。他在说完上面的那句话后，接着又说："太完美了……就像我们所计划的一样，和练习时一样。"

看什么就像什么

你已经听说过这个古老的谚语了："吃什么，像什么。"现在丹尼斯再提供给你一个新的谚语，让你和同事及家人共享："你看什么，想什么，就会像什么。"《圣经》诗篇里很早就这样告诉我们："他内心里想些什么，就会表现出来。"很不幸地，大多数人所吃下的精神食粮，都是那些企图惊吓我们的电视节目和电影，以及那些用来刺激我们的病态出版物和网络的产物。目前流行的一些"无用的食物"只会使我们的心理营养不足，情绪及精神上

也很少达到健康。

我们的大脑是上天最完美的创造物。如果说你脑袋里的东西是部电脑的话，它绝对比集合 IBM、苹果电脑、康柏电脑和微软等公司最优秀的工程师所能够设计出来的任何电脑都要精密、都要厉害。只要你还活着，你的大脑就不会停顿或是一片空白，它一定是在不停地运作。

你认为你的大脑现在在执行些什么任务？它正在处理你的语言符号，用它记忆中的文字监督你的体温和周遭的环境，评估你的消化状况，指挥燃料转化为体能，同时指导和移动你的肢体等，而且你的大脑是在 1% 秒中同时在做这些事情！你的大脑在同一时间内，以媲美光的速度完成许多工作，它的记忆容量大到根本没办法正确地估计。

我们大脑的每一个小单位都在以最有效率的方式运作，但是很不幸地，我们常常被教导去相信相反的观念。譬如说，有些人认为人可以是空的，可以什么都不相信，这些人当然是错误的。

有时候，我们正是这些人，从小我们就被鼓励谨守限制，大人经常告诉我们这个不可以做，那个不可以做，在这种情况下，我们自然也就不相信我们的生活是我们所做的选择，而是认为生命只是碰巧发生在我们身上，而不是由我们决定的。自己说："我太渺小了。"我们

第二章 创造的种子

所受到的教导（社会学家称之为"社会化"）经常是很微妙的。譬如说，我们学习尊崇某个人、某件事，其实不是件坏事，但是很不幸地，在尊崇英雄的同时，我们被鼓励要和这些英雄有所区分——仿佛我们不能与这些英雄并肩同行。

圣女贞德、林肯、甘地、丘吉尔、罗斯福、巴顿将军、马丁·路德、杜鲁门等伟人，都跟你我一样，是大脑和肉体各司其职的人。这不是要贬低或否认他们的贡献，相反地，他们是人不是神，却有这么大的成就，这项事实告诉我们真实的希望有多么的重要。这些伟人就是楷模，在人生的竞赛中，我们从小就被教导要做这些伟人的崇拜者，而不是做他们的队友，这是多么可悲的一件事！我们也是这场竞赛中的一分子啊！你大可以大叫："嗨！教练，让我下场。"而且你的话一定会被听到。

我们用我们的想象、我们所做的选择创造了自己，因此我们的选择决定自己成为什么样的人。我们怎么想，我们就成为什么样的人。没有人是什么都不相信的，无论他或她自己怎么说。我们每个人都有自己相信的东西，有人相信上帝，有人不信，有人相信金钱万能，有人相信权势，有人相信事业，有人相信职位，有人相信朋友，有人相信配偶，有人只相信科学。我们有的人也许选择相信什么都无所谓——这就有点悲哀了，因为我们会去追求自己相信的东西，无论那是什么，总会有一样是你相信的。

你相信什么？更重要的是你"信仰"什么？你信仰的应该是你自己。所以你要多接触正面的东西，想象正面的东西。记住：想什么，像什么。

为创意留下空间

位于美国北卡罗莱纳州的杜邦创意中心的大卫·谭能，指出了富有想象力的创意思考者所具备的特质。

1. 对现状极度不满

2. 一旦碰到问题或机会，定会致力寻求不同的处理方式

3. 常保持胸有成竹的心态，对可能激发新点子的事物特别敏感

4. 想法积极，而且也非常努力地使自己的想法积极

谭能表示："很多人喜欢把极欲求新求变者称为爱找麻烦的人，但是我觉得我们需要更多爱找麻烦的人。"

多年以来，企业界对创意训练的好恶时起时落。亚力克斯·奥斯本是倡导创意训练的先驱人物，他于1942年写了有史以来第一本严肃讨论创意的书《思考突破》。这部书一出版便造成相当大的震撼，使当时的人认识到每个人都可以借着特定技巧激发潜藏于内在的创意，自此人们才了解，原来创意可以经过

训练使之崭露头角。平行思考的创始人艾德华·德·波诺，也极力倡导以上的理论。神经语言学工程——有时称为使个人登峰造极的科学，其最新进展使我们深信，每一个人都有能力主宰自己天生的创造力。最新的思考方式可以化不可能为可能，并使人们得以完成事业上及个人生活中的目标。当你开始有所转变之后，你的发展前途也会随之受到影响。

在你变成能够从容地应付任何环境上的改变及混乱的人之后，你同时也将获得卓越的个人成就，就本质而言，个人创意虽然不能予以制度化，但是我们仍应正视个人创意的重要性，并进而了解它是可以经过学习激发出来的潜力。个人创意是个人成功的保证，它从整体性的宏观角度看待每一个人，并因此而开启了许多未知的可能性。你是一个独特的个体，具备了无法想象（现在你知道其实是可以想象）的力量，可运用于现实生活的创意潜能。无论你在进行什么工作，只要你善用尚未充分开发的创意能力，就必定能够为你自己创造出更美好的未来。

发挥创造力

如果你想掌握一个事物，必须先了解它怎样运作。虽然我们才刚开始了解头脑如何发挥作用，即在我们每个人身上，创造出思想和自动情况情绪以及肉体反应，但在科学研究方面，已获得某些惊人的发现，可以支持我们自己的发现。

1960年，史伯利博士率领学生展开脑部的研究实验工作，并取得真正突破。在这些实验及研究中，他们分别试验人类左右脑的精神能力，发现每一半的大脑各有独立的意识思考和记忆。更重要的是，他们发现两边的大脑以截然不同的方式进行思考，"左脑"以语言进行思考，"右脑"则直接以图画和感觉进行思考。

目前大部分研究人员认为，左半部的大脑控制右半部的身体，包含了大部分的语言，以及我们一般称之为"意识"作用的功能。右半部大脑控制身体的左半部，负责视觉、直觉及潜意识功能。左脑负责语言及逻辑思考，右脑则负责难以用语言表达的事物。如果使用形象而不用文字或语言，右脑可以从人群中辨认出一张熟识的脸孔，在电动玩具的比赛中可以获得高分，拼图也很迅速，但左脑对这些行为则束手无策。

我们不妨以你和其他人所做的交谈为例，一般来说，你的左脑会对它所听到的语言意义立即产生反应，但却不会去注意听声音中的"感觉"或影响力。右脑则专门注意语调、面部表情、身体动作以及不太重要的语言。因此，两边头脑对同一个人可能产生不同的反应——右脑认为："这人有点不太老实，我不相信他。"左脑则说："胡说，他说我们两人合作后可以赚大钱，这是千真万确的。"

我们大部分"清醒"时的生活，是受到左脑意识的控制。当我们有幸产生一个"伟大的念头"或是"灵机一动"，这种念头震撼似乎都是突然出现的，而且以十分完整的形式出现。但很显然，它早就潜在地储存在右脑中，只是不为我们所知罢了。莫扎特和贝多芬说，他们在自己的脑中听到了交响曲，所以只要把它们写下来就行了。

西科斯基 1913 年在他的祖国——俄罗斯建造了世界上第一架四引擎飞机。外行人说，这种飞机违反常理，绝对飞不起来。等到它成功地飞起来之后，左脑批评者又说，它绝对无法飞得远，所以不符合经济价值。而西科斯基再度证明事实并非如此，他们又说错了。

据说，西科斯基 11 岁时，有一次梦到自己走在一条封闭的通道上，通道两旁点着淡蓝色的灯光。他梦见自己坐在一艘巨大的飞船上——是他自己建造出来的。大约 30 年后的某天，他协助驾驶着一艘巨大的飞船。他的朋友林白是正驾驶员，当时由他驾驶飞机，所以，西科斯基决定从驾驶舱走到客舱去伸伸腿。就在这时，他发现自己正走在小时候梦中那条封闭的通道中，就在一艘巨大的飞船里——通道两旁点着淡蓝色的灯光。

你我若想发挥我们的创造力，很简单，只要做一个"全脑"的思考者就可以了。几千年前，我们比较情绪化，而且富于直觉，在我们学会如何使用工具及沟通之后，就发展了一个左脑的社会，懂得使用语言，以实用的方法来逐步解决问题。技术方面的发展十分缓慢，就科学方面的突破来说，我们在过去 50 年内的成就，超过在人类历史中以前所有岁月的总和。而这只是刚开始而已。电脑在今天的地位，就等于 60 年代初期的电动打字机。

我们有广泛的机会，即将进入一个创造力的新时代。由于专业及个人电脑已经取代了很多例行的及机械的左脑功能，因此，我们的时间及头脑可以有更多的用途。我们将经历更多的人际关系，而且这些关系以比以前更多的感觉、情绪及精神的爱心为基础，我们将不再被动地观看电视，而能够主动地事先幻想及创造我们的将来。首先，我们必须相信应该获得成功，接着，我们必须把这些成就予以视觉化及口语化，就如同我们是编剧家，为制作自己的生活纪录片而编写剧本。我们如何书写及谈论自己今天的生活，将可决定明天以及明天以后的生活发展。

谁在帮助你

富有创造力的人必须懂得，要

变得更有创造力，一开始就得发现众多的可能性，每一种可能性都有成功的希望。

有些习惯和行为有助于创造力发挥作用，有些则会严重破坏创造力的发展。

寻找唯一的答案就会遇到阻力，而寻找多种可能性则会推动创造力的发挥。

把解决问题看成很严重的事情，等于无端地给自己增加压力。而从问题解决的过程中寻找乐趣，把想到新办法当成兴趣的奖品则会产生积极的动力。

害怕犯错误会使创造力萎缩，应承认在创造过程中犯错是难免的。你应适度休息，甚至放弃，本着做不好就不做的求实态度。

不要只向专家求助，专家也有很多盲点，而要从各种渠道寻求不同的线索和信息。

如果先入为主地认定很多念头是荒唐的，且不加细想就否决它，创造力将蒙受损失。相反，以幽默感承认荒唐念头的存在，会给创造力多一点空间。

不要将你的观点只告诉会支持和同意你的人。应从各种各样的意见中寻求回应，对方有时候是最正确的。

不懂时不要装懂，沉默也是装懂（即使你心里不这样认为），而要冒险问问傻问题。

随时记录不同方法的习惯是值得提倡的。

自言自语的力量

你是自己最重要的批评者，没有任何意见比得上你对自己的意见那么有益于你的幸福。你所参加的重要会议以及谈话，就是你和你自己所做的交谈。

在你阅读本书时，等于问你自己："看看我是否了解他这样说是什么意思……这是否可以和我的生活经验作个比较……我要把这一点记下来……明天一定要这样做……我早已知道了……我已经那样做过了……很好的例子……我何时去实施这一点呢？"

这种自我谈话，这种自我思想的心灵语言，我们可以控制它并让它为我们服务，尤其对我们发挥创造力方面更有帮助。

我们每一个人身上实际都存在着两个人：今天的我，以及打算根据所见所闻去做的明天的我。我们已经知道了你可以以两种截然不同的方式进行思考——以左半部和右半部的大脑分别进行思考。

在一生当中的每一分每一秒，我们时时都在对自己说话，只有在睡眠的某一段时间内，才会暂时停止这种活动。这种活动是自动的，我们甚至不会察觉我们正在对自己说话。在我们的脑海中，一直对各种事物做出反应，不断地评论。很多决定都是右脑潜意识的反应，由于它们并未表现在语言上，因此，我们看到、听到和摸到某些事物时，就会获得一种狭义的感觉，或是某种视觉或情绪上的反应。左脑在言语上批评和赞同我们意识中所说的和所做的，同时也在言辞上谴责右脑所引起的潜意识反应。我们每天在网球场和高尔夫球场上都会看到这种情形："加油，笨蛋，不要把球打出场外。""把头低下来，你这个白痴。"但是，提出这种批评的并不是球网的另一边的对手，而是你自己头脑中两名伙伴中的一位，而且右脑知道如何对付左脑，它会在高尔夫球场上和你作对，使你头痛，胃不舒服。

你我都很熟悉所谓的"内心的高尔夫球赛"、"内心的滑雪赛"等。例如，我们都知道很重要的一点是，幻想我们如何自由自在地从山上滑下来，感受冷风吹在脸上的狂喜，一路滑行，奔驰下坡……这种幻想都在家里或滑雪小屋中进行，而且在穿上滑雪装之前。这些都是在放松心情的情况下，经由脑中的眼睛来观看我们自己，为从事真正的行动之前做的准备。

幻想及肯定成就，这种行为有时称为"撰写剧本"。丹尼斯这种关于"编剧"的观念理论，和他的两位同行十分巧合——一位是美国的巴辛斯基博士，另一位是住在保加利亚索菲亚市的罗沙诺夫博士。罗沙诺夫博士的这种技巧在他的国内

十分著名，称为"超级学者"。这种技巧需要做深度的放松，播放"暗示性"的音乐，并配合语言进行。巴辛斯基博士在"生物回馈"及"头脑侧化"等研究方面是领导人物，他研究出一种名叫"昏暗灯光学习"的学习制度。他发现，如果左脑沉静下来，右脑将可以听见改变身体的信号。罗沙诺夫和巴辛斯基两人一致认为，如果用松弛与其他控制觉醒的方法来控制右脑，那么，右脑也能接受语言输入及视觉影像。

由于我们对自己的消极性思想、信仰及态度大部分都是习惯性的重复而储存在右脑中，因此我们需要放松它来进行建设性与恭维性的自我谈话，而不是破坏与诽谤。这将有助于创意的产生。

策划自己的成就

丹尼斯进行积极自我谈话的方法和罗沙诺夫一样，不过他是利用创造性想象的技巧，对象是表现杰出的运动员。下面是这种方法的简化，也许可以帮助你重新策划你的自我交谈，以便更能控制你的生活。

这里是创造性想象基本技巧的一个练习方法：

首先想着某种你喜欢的事物。为了这一练习，选择一样简单的事，一样你可以很容易地想象去获得的事物。它可以是一种你愿意获得的

东西，一件你愿意发生的事，一种你愿意看到的你自己在其中的场景，或你自己生活中你希望能加以改善的境况。

使你自己置身在一个舒适的位置里，或是坐着，或是躺着，在一个你不会受到打扰的安静的地方。使你的身体完全放松，从你的脚趾开始，一直到你的头顶，想着一步步地放松你身体中的每一块肌肉，让所有的紧张从你的身体中流出。带动你的腹部做又深又长的呼吸。慢慢地从 10 数到 1，每数一下都觉得自己是更深一步地放松了。

当你感到自己深深地放松了，开始想象那些与你愿望中一模一样的事物。如果那是一种东西，就想象着你自己拥有那种东西，正在使用它、赞美它、享受它，并把它展示给朋友们看；如果那是一个情景或事件，就想象着你正在其中，每一件事都像你希望的那样发生，你可以想象人们在说着什么，或任何使它对你显得更真实的细节。

你也许会要一段相对短的时间或几分钟来想象这一切——无论是什么，只要是你感到最好的一切。在其中找到乐趣，那应该是一种十分悦人的体验，就像一个孩子梦想他到底要什么生日礼物似的。

现在把这个念头或形象保持在你的头脑里，在内心对你自己做一些十分积极的、肯定的陈述（出声或不出声）。例如："我正在群山中

享受着一个美好的周末。多么美好的假期啊！"或"我现在在与某某有着美好、幸福的关系。我们在真正学习相互理解。"

这些肯定性的话，称做肯定，是创造性十分重要的部分，我们在下面将做更详尽的讨论。

在结束你的想象时总对你自己说一段坚定的话：

"这，或更好的事物在令人满意与和谐的方式中正向显现，为了所有有关的人的最高利益。"

这就为一些与你原先想象不同的，甚至更好的事物的产生留出了余地，同时也提醒你自己，这一过程只是为了大家共同的利益在起作用。

如果怀疑或相反的思想浮起，不要去抵抗它们或试图阻止它们，这很可能会给它们一种它们原来不会有的力量，就让它们流过你的意识，然后回到你肯定性的陈述和形象中去。

只要你觉得这一过程欢快有趣，就做下去，可以是 5 分钟也可以是半小时。每天都反复做，或者尽你所能地经常去做。

就像你看到的那样，基本的过程是相对简单的。然而，要有效地运用，通常还需要一些理解和改进。

当你开始学习创造性想象时，深深地放松是很重要的。你的身体和头脑都深深放松了，你的脑电波就会真正产生变化，变得慢了下来，这种更深、更慢的水平称为"阿尔

法水平"，而你通常忙碌的、醒着的意识称为"贝特水平"。人们当前正在对它们的效果进行许多研究。

人们发现"阿尔法水平"是一个十分健康的意识状态，这是因为它对头脑与身体所具有的放松效果。十分有趣的是，人们发现，在所谓的客观世界中创造真正的变化，通过创造性想象的运用，"阿尔法水平"要比更主动的"贝特水平"远为有效。这对我们实际的结果意味着，如果你学会深深放松，进行创造性的想象，你就能在生活中做出有效的变化，比你通过苦思、焦虑、筹划、勉力去操纵事件和人们所做出的变化要有效得多。

如果你没有什么习惯了的深深放松或入静状态的特殊方法，那就一定使用这个方法，或者你也许会希望继续使用我们曾描绘过的方法——慢慢地深呼吸，一点点地放松你身体中的每一块肌肉，缓缓地从 10 数到 1。要是你身体上有什么麻烦而使你不能放松，你也可以找出有关瑜伽或入静的专门教导。这些教导在这方面将会是有所帮助的。不过一般说来，稍稍地放松练习一下，就能臻于完美。

自然，这一切的一个副收益就是你将发现，深深地放松，无论在精神上或身体上，都是有益于健康的。

夜间在入眠前或早晨刚醒来时进行创造性想象特别有效，因为在那些时刻，头脑和身体已具有深深地放松的、容易接受的状态。你也许喜欢躺在床上进行创造性想象，但如果你这样会睡着，最好还是坐在床边上，或坐在椅子中，处在一个舒适的位置上。背要直、要挺，你的背挺就能帮助能量流动，使之容易获得深深的阿尔法电波。

中午时分，稍做一段入静和创造性想象，会使你放松，重新充满精力。

有效的创造性想象步骤

1. 确定你的目标

选定你想拥有的某种事物，努力为之工作、实现或创造。那可能是任何一个层次上的——一个职业、一栋房子、一种关系、你自己身上的一种变化，越来越蓬勃的事业、更幸福的心境、增进健康与美或改善的物质情况等。

最初时选择那对你来说是相当容易相信的目标，于是你觉得有可能在相当近的将来使之实现。在那种方式中你不用太费力地去对付你身上的这种抵抗力，因此你在这样学习创造性想象时，能最大限度地扩展你成功的感觉。以后，当你有了更多的练习时，你可以去处理更困难或更具有挑战性的问题。

2. 创造一个清晰的念头或图像

就按你所需要的那样，创造一个事物或场景的念头或内心图像，你要用现在时态完全按你所希望的方式来想象，仿佛它正存在着似的。按你所希望的方式把你自己与这一场景一起想象着，能包括多少细节就包括多少细节。

你也许还希望得出一幅真实物质上的图像——例如绘一张藏宝图。这是一个选择性的步骤，并非必不可少，但常常有助而且有趣！

3. 经常集中思想想它

经常使你的念头或内心图像浮上脑海，既在那种安静的冥想时刻，也随意地在白天你碰巧想到的时刻。这样，它成了你生活的一个组成部分，对你来说成了更大的一个真实性，而你也就将更成功地将它投射出去。

清晰地集中思想，但又在一种轻松随和的方式中，重要的是不要感到你是太努力谋取，或在当中投入了过分的能量——那将会倾向于阻碍而不是帮助。

4. 给它积极的能量

当你全神贯注于你的目的，用一种积极的鼓励方式来想它，向你自己做出强有力的积极的叙述：它存在着，它已来临了，或正在向你来临。想象着你正在接受或获得它。这些积极的陈述称为"肯定"。当你进行肯定时，试着暂时中止你可能会有的任何怀疑，试着获得那种感觉，即你所希望的是真实可能的。

你对自己的心里印象，是你健康发展的关键。你是编剧、导演兼演员，你的作品可能得到奥斯卡奖，也可能只是一部二流电影。人在想象中看到的是什么样的人物，这个人物往往就是你的世界里的主宰。

你也是自己最大的批评者。你可以对自己每天的表现作讽刺与消极的检讨，因而损伤你的自尊与创造力。或者你也可以利用鼓励与积极的回馈，来展望光明的前途进而提升自我心像。你的自我谈话时时刻刻受到自我印象的监视与记录。因此，当你对自己谈话时，要注意遣词用字。

培养创造力的 10 个步骤

1. 以下是具有创造力的人会有的特点。其中哪些和你的个性相符？

（1）对前途充满乐观

（2）对现状抱着积极的不满足的态度

（3）高度的好奇心及观察力

（4）能接受各种代替方法

（5）喜爱幻想，深入未来

（6）具有冒险心，兴趣很多

（7）具有辨别及杜绝坏习惯的能力

（8）能独立思考

（9）能做全面的思考（能想出新点子，实际解决问题）

2. 你受右脑还是受左脑控制？

（1）你的工作空间是否整洁有序？你的车子呢？你的车库呢？

（2）你是否比较愿意在完成一件工作之后，再从事另一件工作？

（3）事情发生时，你是否愿意讨论它？

（4）你是否喜欢尝试各种食品、甜点及菜肴，并且在不同的时间去尝试？

（5）你是否总在某一特定时间内观看某一相同类型的电视节目？

（6）你的周末是否充满了各种新的活动，很少相同？

（7）你喜爱艺术、轻音乐还是拼图游戏？（能选择其中的两种吗？）

［如果你对（1）、（2）、（3）和（5）的答案是肯定的，而（4）、（6）和（7）的答案是否定的，那么你就是受左脑控制；如果你对（1）、（6）和（7）的回答是肯定的，而（2）、（3）、（5）的答案是否定的，那么，你的右脑活动比较多］有任何结论吗？没有，只是让你多了解自己而已。

3. 不要迷恋某种发明或观念。观念可以淘汰，随时都有更新、更好的观念出现。向你自己挑战，让这些观念发挥功效，并实际应用。

4. 学习一种有效的松弛技巧。当你在完全放松时，创造性的想象可以做最佳的"事先演练"及"重复表现"，因为在松弛的情况下，左脑的控制力较小，右脑更容易接受视觉与听觉的暗示。有一些卡式录音带教导被动的松弛、持续的肌肉松弛、深呼吸以及生理回馈技巧等。你不妨尝试几种不同的方法，直到你找到喜欢的那种方法。

5. 当你想象自己"目前"完成的一项目标时，一定要确定你的想象和眼睛所见的完全一样，而不是通过旁观者"看你怎么办"的眼光。

6. 当你犯错时，不要以左脑式的批评来谴责或轻视自己。想出一段肯定式的声明描述你的正确表现。放松心情，聆听你自己说出肯定的声明，并幻想与此相关的行动与感觉。

7. 以创造性的态度去发觉及解决问题，最好把所有的问题都看作"需要改善的情况"、"暂时地不妥"以及"成长中的机会"。改变你对问题的看法与态度。

8. 对于需要改善的想法与计划加以讨论，并且进行试验。理论与实践合二为一，实际试验你的想法。

9. 做任何决定时，考虑采用所谓的标准决策方法：在一张纸上画出两栏，在每一栏上面分别写上"利"与"弊"。在"利"的那一栏里，列出如果你做这样的决定之一，所可能产生的全部利益与好处。再把可能的坏处及不利的影响写在第二栏。研究这些利与弊所可能产生的影响。如果在你看来，利多于弊，或者是你可以得到有利的好处，那么，你不妨采取这种决定。

10. 找出时间去骑脚踏车、堆沙堡、放风筝、闻闻玫瑰花香、在林中散步，或赤足走在沙滩上。我们这些大人需要重拾我们内心童稚的美好、右脑式的世界。（这个周末就去做）

第三章　责任的种子

> 做好本职工作是责任，而它的酬劳也令人满意。我们的工作品质越好，数量越多，收获越丰盛，心灵越充实。
>
> 能为自己的思想、工作习惯、目标和生活负责，你会发现你在开创自己的命运，走向成功之途。只要你种下率真、自制和负责的种子，你会得到满足与喜悦的收获。

在明尼苏达州的一个小镇上，有一位十分能干的木匠，大家都叫他"巧手杰克"。他14岁出师，小到制作口红盒子，大到建筑整座房屋的木工活无所不能，而且，他所做的活儿，都是为人称道的精品，当地人有口皆碑。

杰克干了40年的木匠，已经54岁了，他决定退休，与家人共享天伦之乐。他所服务的老板，是从前老板的儿子，把杰克看做是自己的左膀右臂，他极力挽留，但是杰克不为所动。

最后，老板只得答应让他退休，但在这以前，他要杰克再建造一座房子。

杰克于是开始这退休前最后的工作，在盖房过程中，稍有一点眼力的人都能看得出来，老杰克的心已经不在工作上了，他用料不再像往日那般精挑细选，做工也只是随意而为，全无往日的水准。老板看在眼里，并没有说什么。

在竣工那一天，也就是杰克终于可以退休的那一天，老板把一串钥匙交给杰克，说这是作为礼物送给杰克的房子的钥匙，而那座作为礼物的房子，就是老杰克最后盖的那间粗制滥造的房子。

当你心不在焉地进行一项工作时，是否会想到日后也会得到类似杰克的后果——不对你做的事负责，结果也就不会对你负责。

获得成功先要付出代价

就一个整体的社会而言，我们同时为维护个人自由和社会秩序而努力。我们努力追求物质财富，但又希望把精神财富当做这种努力追求过程中的副产品；我们要求不受到犯罪的伤害，同时却要求社会减少对个人的干预；我们希望减税、冒险以及创造未来，同时又希望获得更多的金钱保障与安全，而且希望由政府提供。然而，我们不能同时兼有两者，如果我们希望得到某种事物，就必须事先付出代价。

生活的结果，将取决于我们贡献心力的品质与数量。

我们渴望得到成功，但愿意付出更多的代价吗？相信你我都乐于付出这种代价，既然上天已为我们安排好了"因果定律"，使我们能够仔细研究眼前的状况，那么，我们大可充分利用它，用它来研究生活方式所造成的"结果"。这个秘诀可以改变"原因"。

大部分的社会问题，包括了许多个别的较小原因。作为成功学家，丹尼斯几乎每天都在旅行，访问各阶层的学生、政治家、太空人、被释放的人质与战俘、奥运选手、商业巨子以及工人。相同的讯息从他们口中大声而清楚地说了出来："责任需要重新加以诠释，并重新教育给现在以及将来所有的人。"最能表现出一个国家的情况的，莫过于年轻人的习惯，而年轻人的习惯，只不过间接反映他们如何处理问题与责任罢了。

统计数字是最好的说明。以美国为例，在你阅读本书的时候，每15秒钟就发生一件因年轻小伙子喝酒造成的车祸，引起其他人受伤。每隔23分钟，我们的孩子当中就有一个死于车祸，而在这些车祸中，大多数都牵涉到药物或酒类。平均一年内，有几十万名年轻人企图自杀，其中5 000人终于如愿以偿。这些自杀者当中，80%首先提出公开的威胁，然后真的自杀了。自杀已成为年轻人死亡的第二大原因，车祸则排名第一。是什么原因造成这种暴力与悲剧呢？

这种犯罪热潮掩饰在这简短的一句口号中："吞下一口，即获解脱。"在丹尼斯看来，造成今日美国这种变态现象的最大原因，就是："不负责任地沉迷于瞬间的肉欲满足。"一些年轻人期望的是没有承诺的爱情，他们希望不劳而获。痛苦、牺牲、努力都让他们难以接受。只要能瞬间感到舒服，他们马上就去尝试；如果没有把握获胜，那么干脆不去尝试。"我希望实现电视、电影中那些梦想，以及父母所说的将实现的美梦，因为我太不平凡了。我现在就要，明天太迟了。"

心理分析家史登恩在他那本引人瞩目的著作《我：自我陶醉的美国人》中很精辟地指出这个问题的重点，丹尼斯曾郑重地把此书推荐给天底下所有的父母及领袖。

要想获得精神的成熟，我们每个人必须学会发展两项重要的能力：在不稳定中求生存的能力，以及为了追求长远目标而延缓短暂满足的能力。

青春期是对进一步成长做最大抵抗的时期，这时期的特色是：一方面真心努力要维护儿童时代的特权，另一方面却又要求拥有成年人的权力。这一点大多数的人在情绪上都无法超越。家长们替孩子做得越多，孩子们越是无法照顾自己。今天这些依赖性很强的儿童，注定要成为明日依赖性同样强的父母。

身为6个孩子的父亲，丹尼斯告诉我们，做父母的能够给予他们的子女最好的礼物（以及做经理的能够给予他们的员工最大的礼物）就是"根"和"翅膀"——责任之根和独立之翅。若缺少根和翅膀，结果将令人烦恼——甚至是悲剧。

《圣经》上说："要怎么收获，先怎么栽种。"中国古谚也说："种瓜得瓜，种豆得豆。"在经久不衰的歌剧《奇幻世界》中，有一首歌开头的歌词是这样写的："种萝卜，得萝卜，不会长出包心菜。""善有善报，恶有恶报"，这是举世皆知的古谚，南丁格尔在广播词和作品中称之为因果法则。

这是说种一个因，得一个果，而通常是有几分努力便有几分收获的。善用我们的心智、技术和才能，必定能在生活中得到报偿；负起我们个人的责任，把天赋、才能发挥到极致，必能获得无限的快乐、成功和财富。这道理对每个人都适用。

快乐还是不幸

身为旅行演说家，丹尼斯看到，在今天的美国社会里，有太多小孩子正在管理他们的父母。同时他也看到了10多岁的孩子，以及很多大人，由于缺乏自尊心以及领导能力，因而失去了控制。

美国有1/3的小孩子，在小时候就开始吸大麻烟，而每10位高中生就有1位天天离不开烟。这是美国全国的问题，而不是某个地区才有的现象。现在，10多岁的小酒鬼已经多达300万人，而且人数正在增加。在加州、佛罗里达、乔治亚，大麻是销售量最高的农产品，另外还有几州也是这种情形。这种情形并非没有害处，相反地，大麻中的THC含有影响精神系统的成分，能够导致永久的丧失记忆，引起许多严重的生殖系统的毛病。根据美国政府最近的研究报告指出，吸食大麻烟者已经开始呈现出患肺癌的征兆，其症状和吸烟相似。所有这些自我毁灭的行为，都是因为父母、同伴以及大众媒体要求"即刻获得肉体快感"的压力所造成的。

这些没有责任的快乐，其实是以最后付出自己或整个家庭的幸福为代价的。

从自立开始

我们将从生活中获得什么样的真正报酬，完全取决于我们所贡献的品质与数量。从《圣经》到自然科学、心理学、商业，以及所有的文献内容都是相同的——"有播种，就有收获"、"种瓜得瓜，种豆得豆"。对于每一项行动，都会产生一种相等但对立的反应——"天下没有白吃的午餐"。

我们要自立，首先就要认识我们在自由社会中所拥有的许多选择。丹尼斯曾经访问过许多获释归来的越南战俘和从伊朗回来的人质，他们说，在监禁期间，最想念的一件事，就是"选择的自由"。在我们的生活当中，有两种主要的选择：接受眼前的状况，或是接受责任去改变这些状况。

柏克莱加州大学最近的一项研究报告中指出，目前以及过去生活得最快乐、最能适应环境的人，就是那些相信自己能够自如控制生活的人。他们似乎能够对任何事情选择更合适的反应，并且更容易地面对不可改变的事实。他们从过去的错误中获取教训，而不只是徒然接受失败。他们在眼下花时间"做事"，而不是把时间浪费在"害怕将会发生什么事上"。

另外一些人与他们正好相反，他们相信运气、命运、不祥之物、错误的时间与地点、星相与星座，而且口头上经常挂着这么一句话："你不能对抗大势力。"他们很容易向怀疑与恐慌让步，结果就产生重大的失落情绪和健康问题，因而痛苦万分。他们认为自己是目前这个社会制度的受害者，能否成功完全靠运气，就如同摸奖或掷骰子。但如果人们在分析日本人为什么能够从第二次世界大战的失败废墟中获得成功，同时阅读许多人的传记，获悉他们如何从贫民窟走向成功之后，就可以明了事实真相。在美国，许多所谓的社会制度的受害者，实际上就是自愿制造失败的人。

想要自立，就需要以知识和行动来取代恐慌。丹尼斯向我们出示了密西根大学的一份研究报告，这份报告曾经帮助他减少了恐慌在生活中所扮演的角色和分量。报告指出，我们的恐慌中，60% 完全没有正当理由；20% 早已成为过去，完全不是我们所能控制的；另有 10% 是琐碎的小事，完全起不了任何作用；剩下的 10% 的恐慌中，只有 4% 到 5% 是真正而且有正当理由的恐慌，这些恐慌中，一半是由于我们完全束手无策，剩下的那一半，也就是 2%，是我们可以轻易解决的。因此，我们必须不再犹豫，立即采取对策——运用知识与采取行动。

这里有个公式，表面上看来似乎很简单，但你尝试之后，就会发现它内在的道理。一年有 365 天。你现在感觉到，或将来会感觉到的恐慌当中，只有 2% 具有正当理由，值得你去注意，并采取行动。为什么不在它们萌芽阶段，就消灭它们呢？一年中，只有 2% 的时间是"恐慌之日"，因此，你每一年都可以抽出一些时间"正当地"感到恐慌。我们大多数人每年都有 3 周的假期，在假期里我们可以摆脱日常琐事（以及恐慌）的神经，所以，我们可以拥有 49 个星期来吸收这些"恐慌之日"。

建议如下：（读完本章之后）在你的日历上，事先选好一天，每 7 个星期选一天，在那一天上面用红笔写上一个大大的"F"（代表恐慌 Fear）。虽然最初它只是你虚拟的"恐慌之日"，但它将逐渐发展为真正的"完成之日"。每隔 7 周的那一天，尽力找出可能的忧虑与恐慌的所有来源，把目前和将来的恐慌全部写下来，并且列出处理恐慌时所采取的一些选择。接着电话安排和某人见面谈一谈，或写信约个时间，这个人必须是你所尊敬的，或对你的问题有所帮助的人。只要你能对列出的每一种恐慌采取特别的行动，你将会发现，在"F"日中，即使只抽出一两个小时来动用，也会使你进步，你的计划能够继续进行下去。当恐慌要求你注意时，你已经能采取积极的行动去减少恐慌的不良影响。

我们不仅把自己监禁起来，成为恐慌的囚犯，还习惯成为团体共同的受害者。更准确地说，我们每个人都成了自己所立下的众多限制的人质。在孩提时代，我们不是拒绝，就是接受父母加在我们头上的"共同性"。到了 10 多岁时，我们之中的某些人强烈需要向同龄人的标准看齐。我们或许在欺骗自己，认为自己"与众不同"，但事实上，我们就像是一支制服划一、步伐整齐的军队。

要想成为自立的青年人，我们需要定下某些指导方针：

尽量与众不同，培养更高尚的个人与职业标准。

尽量与众不同，比团体中的其他人更干净、更整洁、穿着更得体。在任何场合中，外表稍微胜过其他人，比稍微逊于其他人要好得多。

尽量与众不同，也就是花费更多的时间和努力在你所做的每一件事上。

尽量与众不同，不妨冒一冒没经过仔细计算的危险。生活中最大的危险，就是等待，以及依赖他人来保障安全。最大的安全就是计划与行动，同时要面对将使你独立自主的"危险"。

对自己负责

你的行为要对自己的生活负责，你的思想更要对生活负责，你何不从现在做起？疏通思想的渠道，你就可以用思想改变自己的生活。纵观历史，正如智者雨果所说："你可以抵抗军事侵略，但这个时代验证的思想却是不可抗拒的。"俄国的弗拉吉米尔·列宁用他的笔击败了强大的军队，用他的思想征服了数百万民众。10年后，马丁·路德·金领导了美国公民权利运动，他的思想代表了一个时代，使上百万黑人获得自由。

现在你的机会来了。今天，能够用思想改变生活的已经不单是那些众所周知的历史人物了。你的思想与列宁、马丁·路德·金的思想产生于同一根源，现在是你意识到自己思想的巨大力量的时候了。你完全可以靠自己思想的力量改变自己的生活。你的思想可以推动你去获得你渴望的东西，可以摆脱那些令人窒息的诱人的客观条件。这些思想方法远远超过了积极思考的力量，它的精神之光照耀着你全部的生命。

要养成好习惯，对自己的生活负责；要始终坚信，你有权利获得幸福。不要妄自菲薄，自责不休；不要去做殉教者，上天不希望你这样做。为了成功，学会保持心灵和思想的和谐与平衡。拘泥于以往的错误，无异于作茧自缚。要相信幸运与你同行，它希望你得到自己矢志不渝的东西。照此去做吧！你一定可以通过沉思去唤醒潜在的力量。

作为房主，建造房屋时你要仔细斟酌施工计划，考虑到每一个细节，从门把手到盥洗间的衣橱，每一个方面都要尽可能设计得完美一些，任何细微之处都不要漏掉。关照自己的思想也是如此，因为常常会发生一些意想不到的情况，所以思想结构要尽可能构建得合理一些，完整一些。要实现自己的愿望，就要想象它，相信自己的愿望一定会实现。只要你矢志不渝，潜意识终将会使你如愿以偿。

如果你发现你的愿望与你的生活失约了，那么你就该重新审度自己的思想：是不是你还在为过去的事情所牵挂而心神不定？是不是有人搅乱了你的生活，使你至今不能宽恕他？是不是愧疚使你怨恨自己？是不是你感到虽然别人对你无可指责，而心里却仍然无法摆脱负罪感？是不是因羡慕别人而使你妒火中烧？把这些窒息你生命的东西撕得粉碎吧！不管怎样，请记住这条圣训："过去的事情就让它过去，瞧着吧，一切又都是崭新的。"向前走，去追求你今生今世的幸福吧。

如果你未能如期实现自己的愿望也不要气馁，有时候只有时间才能改变你的思想，进而改变你的命运。

你有权不公平地对待他人，但你这种不公平的态度将会使你"自食其果"。而且，更进一步说，你的每一种思想产生的后果，都会回报到你身上。

己所不欲，勿施于人。如果你不想自己的牙齿被人拔掉，那么，你必须约束自己不要去拔掉别人的牙齿，如此才能保证你不会遭遇此类不幸。再进一步说，对他人采取一项友好的行为，或者提供有益的服务，那么，他也将对你提供相似的友好服务，这即是所谓的"善有善报，恶有恶报"。

将心比心，以心换心。如果你对别人诚实，他人就会对你产生信任。

希望一切美好的品德，都成为你的个性力量，把这些力量散发出来，你会得到丰厚的回报。

某一个雨天下午，有位老妇人走进匹兹堡的一家百货公司，漫无目的地在公司内闲逛，很显然是一副不打算买东西的态度。大多数的售货员只对她瞧上一眼，然后就自顾自地忙着整理货架上的商品，以避免这位老太太麻烦他们。可是，其中有一位年轻男店员看到了她，立刻主动向她打招呼，很有礼貌地问她，是否需要他提供服务。这位老太太对他说，她只是进来躲雨罢了，并不打算买任何东西。这位年轻人安慰她说，即使如此，她仍然很受欢迎，并且和她聊天，以显示他确实欢迎她。当她离去时，这名年轻人还陪她到街上，替她把伞撑开。这位老太太向这名年轻人要了一张名片，然后径直走了。

后来，这位年轻人完全忘了这件事。但是，有一天他突然被公司老板召到办公室去，老板向他出示一封信，是那位老太太写来的。这位老太太要求这家百货公司派一名销售员前往苏格兰，代表该公司接下装潢一所豪华住宅的工作。

这位老太太就是美国钢铁大王卡内基的母亲，也就是这位年轻店员在几个月前很有礼貌地护送到街上的那位老太太。

在这封信中，老太太特别指定这名年轻人代表公司去接受这项工作。这项工作的交易金额数目巨大，这名年轻人如果没有好心地招待这位不想买东西的老太太，他或许将永远不会获得这个极佳的晋升机会了。

培养自制的7个C

想要对自己负责，先要自制，而这是否有某些特别的步骤？不错，是有一些特别的方法。丹尼斯把它们叫做"自制的7个C"：

1. 控制自己的时间（Clock）

不错，我们可以控制自己的时间。虽然，时间一直不停地前进，但我们仍然可以自由充分地利用时间。我们可以选择工作多久，游戏多久，休息多久，担忧多久，以及拖延多久。我们无法一直安排自己的时间表——提前半小时起床，决定好如何利用这一天，因为这一天对你最为有利，也和你最为接近。在某个时间内打电话给别人，在某个时间内接听电话，在某个时间内出席会议，一次处理所有的信件……你可以问自己："我现在这样做，是不是充分利用了时间？"如果不能通过这项考验，不妨把它们交给其他人去做。

2. 控制思想（Concepts）

我们可以控制自己的思想与创造性的想象。必须记住，幻想在经过刺激之后，将会实现。

3. 控制接触的对象（Contacts）

我们无法选择共同工作或一起相处的全部对象，但是我们可以选择共度最多时间的同伴，也可以认识新朋友，还可以改变环境，找出成功者作为楷模，向他们学习。

4. 控制沟通的方式（Communications）

我们可以控制说话的内容和方式。沟通方式最主要的就是聆听、观察以及加强自己的能力。当我们（你和我）沟通时，我们要准备发表一篇讯息，而且这篇讯息要使聆听者获得一些有用的东西，并促进彼此了解。

5. 控制承诺（Commitments）

我们选择保证能引起最多注意及效果的思想、交往对象与沟通方式。我们有责任使它们成为一种契约式的承诺，定下优先次序与期限。我们创造出自己的路径——慢、中等或快，用来实现自己的承诺。

6. 控制目标（Causes）

有了自己的思想、交往对象以及承诺之后，就可以定下生活中的长远目标，而这个目标也就成为我们的理想，并且是我们与其他人最认同的事物。你和我都有极高的理想，以及关于生活的一些计划，这给了我们希望与勇气。

7. 控制忧虑（Concern）

大多数人对于社会上自我价值的威胁，都有着某些情绪化的反应。因为你和我都有创造性的自我心像，以及深藏在内心深处的某种自我价值观念，不管四周发生了什么事情——我们立即回答，而非反应——利用左脑的逻辑综合与右脑的直觉。我们的反应通常都是建设性的。

我们明白自己有责任从事生活上的努力。首先是处理生活中最艰难的、最具挑战性的问题，因为我们很清楚在做好本职工作之后，就会获得满足。我们对老板说要向他提供服务，然后，才能要求他们给予自己报酬和福利待遇。我们十分清楚，生活的真正报酬，取决于我们所做出的服务的品质与数量。不管时间远近，我们播种下什么，就会收获什么。

担负责任的 10 个步骤

1. 从现在开始，自己的事情自己做。

2. 作为家庭的一员，你也应该

分担一部分责任，比如饭后洗碗，整理房间等。不要因为其他原因而放弃承担责任，作为孩子就应该尊敬父母，作为父母就应该引导孩子。

3. 给你要做的事定下一个完成的标准，达到什么程度算是完成了工作，不要拖延工作，该是你的责任就要勇于承担。

4. 参加社会公益团体，体会作为社会人所应承担的责任。

5. 不要轻易借款或贷款消费，如果实在需要那样做，要保证你有偿付能力。

6. 时刻以如下座右铭激励自己："生命是一个由自己动手去做的计划。"

7. 少饮酒，绝对不要吸毒，短暂的快乐背后是长久的痛苦。

8. 成为你的同伴以及你所希望领导的那些人的模范。时时模仿你所尊敬的人物，不要模仿你所在的团体中的人物。

9. 让你的孩子、员工及下属敢于犯错，而不必担心会受到惩罚或排斥。让他们明白，错误正是学习的方法之一，并将会成为成功的垫脚石。

10. 不要为任何事情找借口，如果有某项承诺无法完成，一定要说明原因，而绝对不要制造借口。拖延任何决定，总会导致失败。绝对不可向你所领导的人提出任何借口。

第三章 责任的种子

播下成功的种子

第四章　智慧的种子

> 由学习获得知识，进而变得睿智，智慧的生活使我们快乐，得到满足和成就。我们终生追求的，不正是这些么。
>
> 苏格拉底认为，知识使人善良，无知导致罪恶。同时他也认为，我们每一个人都应该培养出强烈的个人特点，以及许多个人美德。

在古罗马，雕刻是一种很普遍的职业。如果一个人的家里或工作场所没有神像来装饰，就会被认为落伍了。跟每一种行业一样，雕刻也有品质好坏的差别。有时候，雕刻家也会犯错，这时，就要用蜡把裂缝或毁坏的部分补满。因为雕刻家用蜡弥补失误的技术十分高超，大多数人根本无法用肉眼来分辨雕像品质上的差别。

如果任何人想要得到一位杰出雕刻家真正优秀的雕像，就会亲自到罗马奎德的艺术品市场，寻找雕像底座印着"无蜡"字样的雕像，那才是真正的品质最佳的雕像。

诚实是智慧的起点

生活中，我们所做的每一件事的目的也是在寻找代表真实的事物和个人。我们所寻找的美德中，最珍贵的就是"真诚"——没有蜡。前一章里，责任感被描述成了解上天"因果关系"的伟大法则。本章专门讨论智慧，这是用生活经验把真诚与知识结合起来。智慧就是行动中诚实的知识。所谓"因果定律"的法则，无非是一个人的诚实与否，经过一段时间后，所显示出来的结果。不诚实，就没有真正的成功，总有一天，在某个地方、在某一时候，用蜡制成的人或屋子会融化，而露出内部的缺点来。

丹尼斯在前面提到过南丁格尔伯爵，他被认为是我们这一时代中伟大的哲学家之一。伯爵曾经协助丹尼斯在个人发展方面的起步，因为他当初特别抽空聆听了丹尼斯在圣地亚哥一所教堂演说的录音带。伯爵把这卷录音带寄给芝加哥的伙伴康纳特，结果出版了《胜利心理学》这个专辑，这是丹尼斯在自助计划中第一个重大的成就。

丹尼斯在 1973 年与伯爵初次见面，在此之前，他早已是伯爵的广播迷。从那时候起，丹尼斯就有机会聆听他大部分的广播节目，丹尼斯播放他的唱片及录音带，收到了教育与欣赏的双重效果，对他来说，收听南丁格尔的广播节目无异于古典音乐迷在欣赏巴赫与贝多芬的音乐——可以享受纯粹的乐趣。当重新聆听伯爵对人类的天性所做的深入分析时，他发现，有条线索贯穿了伯爵大部分的节目——这条线索就是诚实。

南丁格尔说，我们的诚实就是"一定会飞回来的'飞去来器'"（那是澳洲土著人打猎时使用的弯曲坚木，掷出后仍能飞回原处）。俗话说，"风水轮流转"，这正是"飞去来器"设计的原理。每一次，任何人若是从事任何不诚实的活动，其结果总是回过头来落在他自己的头上。当一位政治家出马竞选一项重要的职位时，他（她）的支持者总是十分担心，生怕竞选者过去一些不名誉的事件会在竞选期间被重提。

很多零售业者必须事先求助于测谎仪，以帮助他们挑选职员及货品，这是很悲哀的事。今天在美国，利害关系已取代了诚实与正直而成为最重要的考虑因素。只要你有钱，又有关系，就可以买到任何高中或大学的学术论文；你也可以花钱请一位"枪手"替你参加期末考试；更可以买到学士、硕士或博士的学位。然而，你却买不到尊敬与名誉，它们是非卖品，必定要有诚实才制造得出来。在调查与时间的双重考验下，它们都不会融化。它们是"无蜡的"。

在每一个人所应该培养的许多美德中，最希望被见到的，就是诚实。只要我们及早受到这方面的教育，便永远不会失去这项美德。它将成为我们为人处世的一部分，更重要的是，它终将保证我们在生活上获得成功。

如果你在人行道上发现一只装满现钞的皮夹子，你将怎么办呢？这是丹尼斯在讨论会上经常向人们提出的一个问题，结果得到了各式各样的回答，你可能会大吃一惊。

"那要先看皮夹子里有多少钱。"

"我会把它保存起来，然后在报上登一个星期的广告，如果没有人认领，我就把那些钱花光。"

"我会把钱留下来，把皮夹子寄给失主。"

如果你或我在人行道上发现了一个装满现钞的皮夹子，我们会根据皮夹子里面的身份证件向失主联络，然后原封不动地把皮夹子和现金送回。除了一声"谢谢你"以外，我们不愿接受任何酬劳。如果丢掉皮夹子的是我们，不正是希望拾到的人这样做吗？我们若想在人际关系中找到诚实，就必须诚实地进行一切活动。即使每天的日常活动大部分未能得到诚实的回报，但只要我们不怀疑这种根深蒂固的诚实价值，那么，到最后，一切结果仍将有利。这是一项最基本、最明显——但很不幸地也是最不被人了解的生活原则。

正三角形最好

丹尼斯有 6 个孩子，年龄分别从 10 多岁到 20 多岁不等，他们全都尝试着要以自己内心的目标来规范各自的成长。这 6 个孩子当中，没有一个遭遇诸如酗酒、吸食迷幻药、缺乏自尊、对世界充满敌意、沮丧或是没有目标等问题，他们所提出的问题全是关于正直、行为标准、事业方向、处理金钱以及实际的愿望。

在丹尼斯的专业性讨论会及家庭座谈中，他一向努力去简化诚实的过程，因为这是最基本的，可以利用一种所谓的"正三角形"作为我们每天测验自己的一个规范。这个三角形包含了 3 个基本的条件，我们在处理任何问题时，都可以提出来问问自己：

1. 这是正确的决定吗？

2. 这是我应该做的吗？

3. 我所说的和我所做的是否相符？

这 3 个问题正好构成一个三角形，因为它们正好代表了不间断的思考、行动与诉说你认为真实的事物。这个三角形的基础另有 1 个问题，在你能够回答前 3 个问题，而感到满意之后，再来考虑这个问题。

这个问题使得三角形得以站立不倒，那就是："这个决定对于相关的其他人会产生什么影响？"这个基本问题包括了知识、谅解以及正直。

只是思想正确，行为正确以及谈话正确，仍然不够充分——不过，若能够做到这 3 点，也等于在生活中获得了成功。要想令人印象深刻，还必须考虑到，在生活中我们所做的决定对其他人产生什么影响。能够事先看出我们的决定可能对其他人以及自己的生活产生什么影响，就是所谓的智慧。当我们诚实地考虑到其他人的利益之后，再来决定自己的利益，那么，我们就会有较高的智慧。

根据美国加州大学洛杉矶分校"头脑研究所"的研究显示，人类头脑的创造、储存及学习的潜能可能是无限的。著名的俄罗斯学者伊凡·叶夫里莫夫告诉人们说："在我们一生当中，我们只使用了思考能力中的很微小的一部分。然而实际上，我们可以毫不困难地学会 40 种语言，把一整套的百科全书从 A 到 Z 全部背下来，并且修完几十所大学的必修课程。"

如果这种说法正确的话（事实确实如此），那么为什么大多数人无法在一生中学会更多的东西，并获得更多的成就？有一个明显但令人痛苦的原因就是，大多数人认为，花这么多时间来从事这么辛苦的努力是不值得的，这也就是为什么缺乏自信的人会成为悲惨的失败者。他们不愿意努力，他们想方设法避免做更多的努力，除非被迫，否则他们不会多做一件事情。

当年丹尼斯加入"沙克生物研究所"时，很喜欢参加布洛诺斯基博士的演讲会，他是著名的数学家，著有《人类的升华》。到现在丹尼斯仍然保存着他演讲的笔记，他曾这样指出："知识并不是一本收集事实的活页笔记簿，而是一种维持我们生存的责任。如果你让其他人替你治理整个世界，而你自己却继续生活在古老的旧信仰中，那么，你就不可能维持那种知识的整体。因为我们的生活是由许多思想、行动与情感组合而成。"

忠于自己

我们的生活由许多思想、行动与情感组合而成，我们的思想与经验不断地形成记忆库，同时，我们希望有效地组织利用这个记忆库。我们与其他人不同，主要在于知识的组织深度与掌握程度。

有史以来智者之一苏格拉底认为："知识使人善良，无知导致罪恶。"同时他也认为我们每一个人都应该培养出强烈的个人特点，以及许多个人美德。

莎士比亚在《哈姆雷特》一剧中，解释了我们个人的特点，以及我们有责任辨认这些特点，他剧中的人物波洛牛斯说："这是最重要的——真实对待你自己，而且一定要确定遵守，就像是黑夜紧跟着白天一般，如此一来，你就不会对任何人虚伪了。"莎士比亚并不是说："只要觉得高兴，你就去做。"他真正的意思是说："当你身在罗马时，你不必一定要模仿罗马人。"我们应该根据内心深处的精神信念、正义感，以及社会良知来生活，这就是对自己真实，同时也尊敬其他人的权益的做法。

所有的人都渴望寻找我们的目标，并且以自己的方式来生活。不过，我们大多数人都发现，从10多岁一直到成年时代的大部分时间里，都面临着相同的困难选择：我们希望以什么方式来过这一生？我们应该选择什么生活方式？我们应该怎样做才能使生活充满乐趣，并带来我们所追求的报酬与进步？我们怎么能知道已经选择了正确的事业或目标？

这些都是很重要的问题，不应该掉以轻心。我们不应该在离开高中或大学后，以所找到的第一个工作来决定以后一生中的职业；我们不应该让父母、教授或朋友来决定我们应该加入哪种行业；我们不应该仅让经济因素来影响我们制订长期目标。在能够正确地把握目标之前，还有下一步在等着我们。找到一个起点，我们才能设定有意义的目标，或是树立生命中的一项新目标。这就像是鸡与蛋，大多数人都是从鸡开始——也就是先找到一个工作。如果我们能从蛋——知识开始，就能保证可以获得更大的成就。

大多数人对于他们的嗜好往往有充分的准备与热忱，并且胜过对自己的终生工作。

在丹尼斯所主持的"制订生活目标"的讨论会中，他安排了一个叫做"如果我能从头再来"的写作会。这个写作会的目的，是要我们去考虑，我们为什么以及应该如何去思考实现某些梦想。人们在写出他们的"如果我能从头再来"的感想时，就会考虑到他们尚未探讨过的一些可能性。每一次这种写作会结束后，他们都会很惊讶地发现，许多人在进行真诚地检讨时，都会承认他们目前所从事的并不是他们真正想要的工作。

才能不用如金藏于土

当丹尼斯第一次阅读布洛德雷的著作《你的天赋才能》时，他立刻知道，他已经看到了在个人与专业发展范围之内的一些重要而有意义的东西。丹尼斯很遗憾未能在15岁时就遇见布洛德雷女士，那样的话，他就会比现在更成功。1982年秋天，丹尼斯在参加副总统布什官邸的一次酒会之后，见到了布洛德雷女士与她的出版商艾芙琳·梅兹格。那次会面，使他决定根据她的大作录下一卷卡式录音带，因为，丹尼斯认为所有的高中学生以及他们的父母都应该听听这卷录音带。这并不是由于这是丹尼斯的录音带，

才要求大家听一听，而是因为布洛德雷女士对于"你的天赋才能"的深入研究，能够使人们的生活获得极大的改变——更好的改变。

布洛德雷女士的著作专门报道"詹姆士·奥康纳研究基金会人类工程实验室"所从事的杰出研究。半个世纪以来，这所奥康纳实验室一直致力于发掘人类的天赋才能，以及研究这些"才能"如何被今天的社会发现或忽视。

当丹尼斯读完《你的天赋才能》之后，他发现了个人与专业发展讨论会中所缺乏的一环。一直以来，丹尼斯旅行于世界各地，告诉人们，求取胜利是我们应有的生活态度。而实际的情况就像是：他拿着一副不完整的扑克牌在玩。在此之前他未曾注意到了解人类本身天赋能力的重要性。而沙克博士和塞莱博士两人曾经提出过友善的警告：那些所谓的成功引导专家对于"态度"做了太多的宣传，而未能正确权衡个人的"才能"。

奥康纳个人深信，社会上的挫折、沮丧以及不安，都和个人的才能未被充分利用或正确表现大有关系，而事实已经证明，奥康纳和他的人类关系研究所的研究结果是正确的。根据丹尼斯对许多人的观察研究显示，人们有必要去发掘他们的"专长"是什么，而不是试着去改造他们的生活，以模仿那些拥有与他们完全不同才能的人。

拿丹尼斯自己为例，他一直觉得他很喜欢演说、外国语言、诗、哲学以及研究人类关系，他很少对工程、建筑、机械及物理学表现出兴趣。1950年，丹尼斯以班上最好的成绩毕业于拉荷拉高中，获得了前往斯坦福及其他几所著名大学深造的奖学金，不过，那时刚好朝鲜战争爆发，他和同学希望可以参军，但他们并没有加入任何军队，而是进入军官学院，以便毕业后从事军职。

那时丹尼斯和他的父亲很喜欢收听电台的美式足球比赛实况转播。高中毕业前一年，他们开始从家里那台新的 GE 电视机上观看球赛。他们最喜欢看的是陆军和海军的对抗赛，看着名球员塔克把球传给"内线先生"和"外线先生"还有布兰查"大夫"和葛伦·戴维斯等著名球员的精彩表现。有一次，他们在观看一场特别激烈的球赛时，父亲把他对丹尼斯的所有期望都告诉了他：他希望儿子能从西点军校或海军学校毕业。听到父亲的这些话，丹尼斯立即下定了决心，并开始为了使他的梦想实现而奋斗不息。

1955年，丹尼斯从安那波里斯的美国海军军校毕业。在学业上，他是经过了艰苦的奋斗才度过了4年的军校生活。虽然丹尼斯在高中时代是优秀生，但却发现自己在海军军校时就像鱼儿离了水，因为海军军校的课程主要以机械与航海工程为主。在他班上，他的英语、外

语以及演说3科的成绩是最好的。丹尼斯还曾经自编自导了一部音乐喜剧，获得极大好评，因此被"苏利文剧场"加以采用。不过，那只是一种额外的嗜好活动，在海军事业中并不能占有任何地位。最有趣的是，丹尼斯毕业时，他的机械工程、电子工程以及高级微积分等科的成绩都是全班最差的，而高级微积分却是想成为一位驻防航空母舰——的海军攻击机飞行员最重要的一门学科。为了取悦他的父亲，他已经很不明智地把自己弄到一条道路上，逐渐脱离了自己的"天赋才能"。

在反省了过去25年来的生活之后，丹尼斯衷心感激他的父母，他们为他做了很多牺牲，并鼓励他追求教育与智慧。他担任海军飞行员的那9年生涯极为刺激，而且收获极大。那段生涯教丹尼斯学会了更多的自律、追求目标以及团队精神，如果他从事的是另一行业，是永远学不到这么多的。

举此例子所要说明的真正本意就是：丹尼斯一共花了1/4世纪的时间来重新塑造他自己的生活，使他最后终于从事他真正喜爱，而且能够发挥才能的一种行业。

在今天，对丹尼斯来说，工作就是游戏。他每天早上都急着起床，希望多学习研究一些人类的思考与行为方式。妻子苏珊和他已经订下了生活的一个主要目标：协助孩子

发掘他们自己的天赋才能使他们能够把这些才能和他所学会的技术和知识配合起来，使他们在个人的生活中获得最大的成就。

找出你的才能

下面是由詹姆士·奥康纳基金会提供的性格与才能倾向测试的一系列问题，对这些问题加以仔细分析，可以帮助你找到你天赋的才能。

这些测验可测出 19 项个别的性向。

1. 个性——可看出受测者是客观性的，适于和其他人一起工作，或者是主观性的，应该从事较为专门的个人工作。

2. 图表能力——可以测出你处理数字与图表的能力。

3. 思考能力——创造性地幻想及表达意见的能力。

4. 立体视觉能力——以立体方式以及以三维空间思考的方式看事物。

5. 归纳结论能力——从零碎的事实中得出一个合理结论的能力。

6. 分析结论能力——把一项观念分解为零碎部分的能力。

7. 手指灵巧程度——灵巧运用手指的技巧。

8. 操作钳子的灵巧程度——精确操作小工具的能力。

9. 观察能力——仔细观察的能力。

10. 图案记忆能力——能够轻易记住图案的能力。

11. 音调记忆能力——记忆声音的能力以及对音乐的喜爱程度。

12. 高低音辨别能力——辨别音调高低的能力。

13. 音律能力——维持一套音律的能力。

14. 音色辨别能力——分辨每个人的音调与音量的能力。

15. 多重记忆能力——能够同时在脑海中记忆很多事情的能力。

16. 比例鉴定能力——辨别相当与合宜比例的能力。

17. 语文学习能力——学习不熟识的文字及语言的能力。

18. 预测能力——谨慎预测事情发展的能力。

19. 色彩辨别能力——分辨色彩的能力。

不要让上面这些专有名词把你吓坏了，这些测验对你的日常生活有重大的实用价值。这种自我分析并不只限于那些智商高或受过高等教育的人。这些测验曾经测验过各个阶层的人，从学生到快餐店的服务人员，从演艺人员到大公司的老板。甚至有一位美国总统也接受过测验，希望测出自己的"天赋"才能。

丹尼斯在接受这项测验后，就发现自己适合从事需要强烈思想表达、分析结论、观察、记忆及语言表达的工作，同时又发现他拥有音乐方面不同寻常的天赋。他的一个孩子也被发现有这种音乐才能，他太太也一样，然而他们3个人从来没有想到要把音乐当做职业或嗜好来追求，不过，他们每个人倒是都承认，他们都有想要演奏某种乐器的强烈欲望。写作诗词或歌曲，对丹尼斯来说，是很自然的，但是，他却从来不曾花时间或努力发展他在这方面的才能。

找出自己的天赋为什么如此重要？原因之一在于：如果缺乏一种重要的才能，可能会破坏或打击你的整个事业生涯。有位年轻人无法继承他父亲的著名外科医生的衣钵，因为他即使在简单的外科手术过程中，也会犹豫不决。他的父亲因此错误地认为他胆怯，但事实上他只是缺乏精确操作小工具的能力罢了。渴望成为医生的人，另外还有一个先决条件，即要有立体视觉能力。

对于那些想要他们的儿子继承医疗事业的医生父亲，应该获得的建议是，在儿子尚在高中就读时，就要让他们去做一次性向测验，测出他们的立体视觉能力。这种能力不会由父亲遗传给儿子，只能由母亲遗传给子女，女儿则可以同时从母亲和父亲那儿继承到立体视觉能力。因此，身为医生的父亲，应该把更多的希望寄托在女儿的身上，让她们能够继承伟大的事业。

虽然天赋十分重要，但如果我们就根据一连串的性向测验来决定我们的事业前途，那也是危险又不负责任的做法。我们的终生事业是同时融合了天赋才能、环境背景、技术及生活经验而形成的。无可否认，我们经常是根据经济需求及家庭因素来决定所要从事的终身事业。不过，如果想要以最聪明的方式来生活，就必须慎重地发掘我们天赋，而且越早发现越好。

成功在于学习

性格与天赋的倾向（简称性向）的测试结论说明了一个事实：性向是导致成功的重要条件。这是全世界95％的人都无法了解的神秘因素。

从这一角度上来讲，成功的先决条件就是诚实地接受自己的天赋，并运用它获得成功所需的广博的知识。

我们能够获得知识的唯一方法就是学习。对大多数人而言，学习就像缴税或看牙医，他们最不喜欢做了，若不是受人强迫，恐怕只有很少人愿意学习。大多数人认为毕业典礼就是学习的结束。美国有世界上数量最多的免费教育资料，国内的图书馆和大学的推广教育课程也都有充分的资料，各种题材与课程都有，足够使愿意在每天晚上抽出半个钟头来学习的任何一个人成为智慧非凡的人物。日本人十分重视离开学校后继续进修的机会，他们生产了美国人所使用的90％的电视机，让美国人利用它们来打发无聊而冷漠的时间。

著名的管理专家彼得·杜拉克向人们建议说："在今天，知识就是力量，它控制了通往机会与进步的大门。科学家和学者不只是供人差遣而已，他们占据高层的地位，甚至可以在经济与国防这些重要领域内担任要职，并有权采用任何对其有利的政策。他们很负责地塑造年轻人，而且有学问的人也不再是穷光蛋了。相反地，他们才是知识社会中真正的资本家。"

随着信息革命的来临，电脑取代了打字机、计算器与档案制度，越来越多的力量将赋予那些拥有知识与精神能力的个人。如同工业革命后，具有制造与收集材料经验的生产线经理开始大受欢迎一样，信息革命现在也正在寻找受过丰富技术与金融教育的"智慧企业家"。

知识就是通往明日新生活的道路，头脑已经逐渐成为肌肉的主人。不管是现在还是未来，争取物质生活及生存的活动将不再重要，重要的是我们在科技进步的"落尘"中，如何生存以及如何过着智慧的生活。我们希望和其他人互相合作以解决问题而彼此互利，但我们想做到这一点，主要的问题在于是否有能力以语言文字表达出我们的思想。因为缺乏这种能力而引起挫折，经常会产生暴力行为。美国的暴力行为逐年增加，相反地，美国人的识字程度却每年减少了1%。

不管个人的受教育程度如何，多数人日常交谈的80%中，大约只用了400个单词。虽然，在任何一本未经浓缩的英语大词典里，共列有45万个单词，但是，我们只用了其中很少的一部分，很多单词都是一再地重复使用。如果你每天学10个新单词，持续一年下来，就可能成为世界上知识最广博，而且最会说话的智者。

阅读是获取知识及增加词汇的最佳方法，你应该很高兴地获知此事实。一年之内，美国居民当中，只有5%的人会去购买或阅读一本书。在你不断阅读的过程中，将会获得与你天赋有关的更多知识，获得更多的技术，使你更能发展和利用。只要读书，你就能够把想法表现得更为清晰。你将有能力找出最佳的模范人物，以他来协助你加速成功。你所受的教育越多，你就会越快乐。

著名小说家托马斯·沃尔夫在《蜘蛛网与岩石》一文中总结说："如果我们拥有某种才能，但却不能加以使用，那么，我们已经失败了；如果我们拥有某种才能，但只使用了其中一半，那么，我们已经失败了一半；如果我们拥有某种才能，而且知道如何来利用这全部的才能，那么，我们已经获得光荣的成就，并得到了只有少数人才能体会的满足感与胜利感。"

你我都知道，智慧并不是完全

取决于我们知道多少单词，而是取决于我们是否能正确地利用这些单词，把我们的意思表达给其他人，智慧也决定于我们能正确地估计自己的才能，以及我们要充分利用它们的这种决心。我们把这种智慧应用在孩子及伙伴身上。我们每天都应该过着这种智慧的生活，绝对不可以停止学习。

获得智慧的 10 个步骤

1. 不管你的年龄多大，仍要继续学习。研究结果显示，在大学里，年岁比较大的学生同年轻的学生相比，成绩往往好上 10%。

2. 你阅读时，身边随时要放着一本词典，随时查看你并不完全了解的一些新词。立即查阅，将会使这个新词更容易成为你终生忘不了的词。

3. 一开始就要建立好的词汇。普通的与最好的词汇其间的差别大约有 3 500 个。如果你有了孩子，在你的孩子还很小的时候，就要念书给他们听（比如在他们周岁生日之前，就要开始这样做），他们吸收词汇的程度远超过你的想象。鼓励你的孩子多多阅读，不要把时间全花在上网或看电视上。

4. 考虑接受一次具权威性的性向测验，看看你家附近是否可以找到奥康纳基金会的测验卷，也可以同附近的图书馆或大学商洽。

5. 根据你的性向测试结果，补充你应学的知识。

6. 在你做决定之前，问问自己："这样做对吗？这样做会不会影响到有关的人？"

7. 在你所有的行动中，要不停地说出、思考及实施你认为正确的事。

8. 替你自己及家中的每一分子申请图书馆的借书证。书籍是智慧的源泉，它们可以带领我们到达本身无法到达的地方。

9. 不要错过了函授课程、补习教育以及夜间或周末的研讨会，另外有一些家庭视听教育课程也相当不错。丹尼斯认识一位男士，他就是利用上下班开车的时间，修得了硕士学位。他还认识一位女士，利用在家做家务及照顾孩子的时间，收看电视教学节目，因而获得了商业课程的学位。

10. 模仿你最羡慕及最尊敬的人。最重要的是为你的儿女及下属立下正直与真诚的榜样。你在生活中要像一位"无蜡"的雕刻家那样，要先确定你的模特儿是真实人物，然后认真雕刻，不必补上蜡。

第五章　目标的种子

> 有了目标，内心的力量才会找到方向。茫无目的地飘荡终会迷路。而你心中那一座无价的金矿，也会因未被开采而与尘土无异。
>
> 如果你能怀着一股认清自我目标的冲劲，那么到达成功的过程本身就是一种收获。除非你积极地为达成目标而努力，否则将与之渐行渐远，其间绝无侥幸。

在《艾丽丝梦游仙境》一书中，当艾丽丝来到一个通往各个不同方向的路口时，她向小猫邱舍请教。

"邱舍小猫咪……能否请你告诉我，我应该走哪一条路？"

"那要看你想到哪儿去。"小猫咪回答。

"到哪儿去！我真的无所谓——"艾丽丝说。

"那么，你走哪一条路也就无所谓了。"小猫咪说。

这只可爱的小猫咪说的可真是实话，不是吗？如果我们不知道要前往何处，那么，任何道路都可以带我们到达某个目标——不管我们在生活中做哪一种努力。

据美国劳工部统计，每100个美国人中，只有3个人在活到65岁时，能够实现经济上某种程度的无忧无虑的状况。

每100个65岁（或以上）的美国人中，有97个人一定要依赖他们每月的社会保险支票才能生存。

每100个从事高收入行业——例如律师、医生的美国人当中，只有5个人在活到65岁时，不必依赖社会保险金。

你听到这项统计数字之后，是否大吃一惊呢？不管人们在他们最具生产力的年龄中获得怎样的收入，但是只有如此少数的个人能达到可观的经济成就。对于这个问题，相信大多数人都会感到惊讶无比。

大多数人都幻想他们的生命能永恒不朽。他们浪费金钱、时间以及精力，从事所谓的"消除情绪紧张"的活动，而不是去从事"达成目标"的活动。大多数人每周辛勤工作，赚够了钱，却在周末把它们全部花掉。

如果你能怀着一股认清自我目标的冲劲，那么实现成功的过程本身就是一种收获。正如南丁格尔伯爵所说，你的报偿在于"对一个值得你奋斗的目标或想法产生逐步的了解"，而不在于"成功在握时瞬间的快感"。除非你积极地为达成目标而努力，否则将与之渐行渐远，其间绝无侥幸。

本章会详细介绍使你走向成功的目标。这套计划绝对能在你身上发挥效用，因为你应该相信，确立目标是迈向成功的必要步骤之一。不幸的是，许多人经常规划短程的假期，却忽略了他们的人生旅程。

为何无法达成生活目标

大多数人希望命运之风把他们吹进某个富裕又神秘的港口。他们盼望在遥远未来的"某一天"退休在"某地"的一个美丽的小岛上，过着无忧无虑的生活。如果问他们将如何达到这个目标，他们会回答说，一定会有"某种"方法的。

实际上，如此多的人无法达成他们的生活目标，其原因在于，他们从来没有真正定下生活的目标。

丹尼斯一直在美国各地及国外主持如何决定生活目标的研讨会，在这些研讨会中，他发现，绝大多数家庭宁愿花很多时间计划一次圣诞宴会，或一次假期旅行，而不愿计划他们的生活。未曾计划，实际上就等于注定要失败。

在其中的一场研讨会中，丹尼斯把到会的 200 人分成许多小组，每组 6 个人。他们坐在圆桌前，研究 5 个问题，然后写下每个人的答案，并加以讨论。丹尼斯所提出的 5 个问题如下：

1. 你个人从事某种职业时最大的能力及缺点是什么？

2. 在今年内，你在个人生活及事业上最重要的目标是什么？

3. 你明年有什么重大的个人生活及事业目标？

4. 在未来 5 年内，你在事业上将计划达到什么程度，将会获得多少收入？

5. 20 年后，你将住在什么地方？你将干什么？你将获得什么成就，足可让你的家人或同辈传颂与羡慕？你的健康状况如何？你将有多少金钱或财产？

在呻吟及抱怨声消失之后，这些小组开始讨论他们这一生当中最重要的一些问题。表面上这些问题可能很难回答，而且不合情理，但你必须知道，这 200 人都是花了 50 美元来参加这个制订生活目标的讨论会的。当他们发现，某人实际上在向他们挑战，要他们以明确的词句去思考自己的生活。坐下来听听某些人诉说他们怎样从贫民窟奋斗出来，成为伟人，那是很有趣的。但如果要你自己去考虑应该如何做，那就一点也不好玩了，有点像又回到学校了。

在这些 6 人小组展开讨论之后，丹尼斯注意到有个叫艾利克的小男孩。他有一头红发，看起来大约 10 岁左右。丹尼斯当时心想，他的父亲能够带他来参加这个讨论会，看看成人世界究竟是怎么一回事，这倒是个好主意。在丹尼斯说话的时候，艾利克一直很用心地听。现在，他走上前来问丹尼斯，这些人坐在圆桌前面干什么。丹尼斯说："我给他们出了一道题目，是关于他们的生活目标的问题，要他们分成小组讨论这些问题，稍后，再和全体参加者一起讨论这些问题。"

艾利克说，他们之中很多人似乎在谈论其他事情，有的人只是在聊天或说笑。丹尼斯说，我们不能期望每个人都对这个决定生活目标的活动表现得很认真，因为很多人认为，决定生活目标并不是难事，就像决定看电视或看电影那般容易。艾利克又问丹尼斯为什么丹尼斯不坐到其中的一张桌子上去与他们一起探讨生活目标，丹尼斯回答说，他的生活目标早已决定好了，而如果艾利克有兴趣的话，也可以把这些问题抄下来，然后自己试着去回答生活目标的问题。艾利克拿了一张纸和一支笔，很认真地开始写了起来。在丹尼斯规定的 45 分钟结束后，他把所有的小组召集起来，大家进行讨论。

第一个问题很简单。也正如他

所预料的，最多的答案是"善于交际"、"善于照顾他人"、"有奉献热忱"、"诚实"等。在缺点方面，像是"不会利用时间"、"希望花更多的时间进修，以及多陪陪家人"等。这些都是每一小组的标准答案。

不过，大约 90% 的人似乎都觉得第二到第五个问题的确很难。例如，今年内的目标（即第二个问题）是"要比去年更好"、"做更多的事情、赚更多的钱、存更多的钱"，还有"要做一个更好的人"。同样普遍没有固定的答案的状况，也出现在第三个问题"明年的生活目标"上。

真正的问题出现在第四和第五个问题上。当被问到未来 5 年内他们将在事业上获得什么成就以及什么收入时，几乎所有的人全都采取了保守态度，提出同样的借口如"在这种不安定的时代中，谁能预测未来的发展？""这要看通货膨胀率而定。""这要看我的老板及公司的决定了。"不过，他们大多数人倒是承认，他们预料在 5 年后，职位可以获得晋升，也会有更多的收入。

第五个问题是真正需要花脑筋思考的。在 20 年后你住在哪儿？干什么？有何成就？是否健康？有多少财产？这些问题令他们感到痛苦、好笑、不知如何回答。一位中年人很坦白地回答说，到那时候，他可能已经死了。参加者全都哈哈大笑，笑声冲淡了紧张的气氛。他们大多数人以前都未曾考虑过这些问题，他们提出了一些愚蠢、无意义的答案。他们说，他们将成为百万富翁，他们的游艇将停留在一个地中海的小岛上，或写成著名的小说，或是制作电视电影。每一个组里，答案几乎相同。没有人愿意预测他（她）自己的前途，他们跟丹尼斯以前所教过的几个研讨会的参加者的表现相同，但只有一个例外——就是这位名叫艾利克的小男孩。

艾利克主动表示要登上讲台，把他对这5个生活目标的答案念给大家听。研讨会的所有参加者全都很高兴，他们希望听到更多的笑话和新鲜事。丹尼斯当时并没有什么特别的指望，他猜想，艾利克不可能会比这些成年人好到哪儿去。

"你最大的才能是什么，你最希望改进的是什么，艾利克？"丹尼斯开始发问。艾利克立即回答说："制作模型飞机；打电动游戏得到高分，这是我最拿手的。整理我自己的房间，是我最需要改进的。"

丹尼斯很快又问他今年的个人生活目标与事业目标。他说，他的事业目标是完成一架哥伦比亚太空飞船的模型；他的个人生活目标就是从事剪草以及在冬天铲雪，希望能从这些工作中赚到450美元。听众们轻声低语，大表嘉许。丹尼斯自己也在心里想到，现在，大家总算得到了一些有意义的答案了。

丹尼斯又问他，他明年的个人与事业目标是什么。他回答说，他的个人目标是要到夏威夷旅行，他的事业目标是要赚到700美元，用来担负这次的旅行费用。丹尼斯请他稍微说明一下这次旅行的一些细节。艾利克回答，这次旅行将利用暑假前往檀香山或毛利岛，可能搭乘西方航空公司或联合航空公司，哪一家的票价最低，就搭乘那家航空公司的飞机。丹尼斯问他，想要达到这次旅行的目标，最大的困难在哪里？他说，最大的困难是要他的父母存下足够的钱买他们的机票，那样，他们就可以带他同行。

他们接着谈到艾利克的5年目标。当丹尼斯问到他5年后的事业及收入时，他毫不迟疑地回答："我到那时候就是15岁了，将升入十年级。"他很清楚地对着麦克风说："我计划选修电脑课程——如果学校里有这方面的课程的话，还有科学课程。到那时候，我半工半读，每个月应该至少有200元的收入。"他很有信心地这样说，台下的学员们不再发出笑声了，甚至连艾利克的父亲也很感兴趣地听着这个10岁的小孩子诉说他的生活及事业目标。

问到20年后的计划时，艾利克必须考虑一会儿。然后他说："到了那时候，我已经30岁了，不是吗？"丹尼斯点点头，他继续说："我将居住在休斯敦或佛罗里达州的卡纳维尔角，我将成为一位太空人，不是在太空总署服务，就是替某家大公司做事。我将负责把新的电视卫星送入轨道，或是运送零件给太空中一个新发射的太空站。我的身体状况将很好，想要当太空人，身体一定要很好。"他很骄傲地做出这个结论。

艾利克谈得十分具体，而班上所有的成年学员都不切实际。艾利克的谈话，真是令人高兴。他的影响力，正缓缓地进入全体学员心中。他们每个人都是花了50美元来参加这个研讨会的，希望加强制订生活目标技巧，最后却由一个10岁的小孩来实际上台来示范应该怎么做。艾利克最大的不同点就是，他还没开始认为无法达到目标，也尚未有足够的因素来破坏他的旅游兴趣；他所看的晚间新闻，或所阅读的报纸，都还不够多；他尚未遭遇足够的个人挫折；他未被宠坏，也未开始怀疑。他这种缺乏经验的"弱点"，反而成为他最大的力量。

艾利克这些引人深思的答案，成了那次研讨会中的最佳结论。这位红头发的小孩在10分钟内的成就，超过丹尼斯5个小时的演说。他已经教导我们：我们可以使用更为明确、更为具体的词句来谈我们的梦想，只要不让怀疑的心理阻挡我们的去路。艾利克这个10岁的小男孩已经向我们展示了应该如何制订生活目标并尽力追求的最佳例子。

你的内在力量

艾利克这位10岁小孩的一番话，正好证明了，人类追求目标是要经过设计的。关于这一点，最恰当的一项比喻是已故的斯威尔·马尔兹博士所做的，他是个医生，也是畅销书《成功的新观念》的作者。马尔兹博士把人脑比作鱼雷的导引系统，或是自动导航设备。你一旦定好了目标，这个自我调整的系统就不断监视着来自目标区的回馈信号。它利用这些回馈资料来调整它自己的导航系统，从而指引电脑中的行进路线，能够自行修正，针对目标保持前进方向。如果输入的程序不完全或不明确，或是所定的目标超出射程，那么，已经射出的鱼雷将会绕着圆圈打转，直到其推进动力消耗完毕，或是自我炸毁为止。

个人的行为和鱼雷导引系统十分相似。你一旦定好了目标，你的头脑就会不停地监督这项目标的自我设定和环境回馈。我们的头脑沿途利用各种消极与积极的回馈来调整我们的决定，于是，你就会在潜意识中从事调整工作，以实现目标。如果所制定的计划模糊不清，思想散漫，或目标不切实际，那么它将无法达成，这个人就会漫无目标地徘徊，到最后，将因沮丧而放弃目标。

你是否认识那些只知要达到目

标，本身却未做积极充分的准备的人？结果，他们是否错过了很多的机会？他们是否受不了挫折，而沮丧地宣布放弃？他们其中是否有人走上自我毁灭之途？你会发现在这个社会里，这种行为模式越来越多，因为他们所追求的只是暂时的肉体满足，但是在我们这个世界里，只有努力工作的人，才能获取永恒的报酬。当人们发现通往成功的捷径只有很少的几条，或甚至没有时，许多人因此感到十分失望。因为，他们的父母并未教导他们如何忍受这种挫折。

驱使我们向着生活主要目标前进的那种内在力量——驱动力究竟是什么？我们已经知道，潜意识的自我心像存在于头脑的右半部，而且它无法分辨真正发生的事实和存在于想象中的事情。似乎是这样子的：自我心像一旦接收到充分的信息，这个信息就会成为一种习惯，而为我们所接受并成为我们的一部分。

你可曾想过你的习惯？你有多少习惯是自己不希望有的？或是你有多少对心理和身体不好的习惯？吸烟、喝酒、暴饮暴食、迟到、咬指甲、沮丧、怀疑——这些都是从学习中得来的潜意识习惯。所有这些习惯都表示一种自尊问题，通常都需要从事自我心像的修正，以便达成任何永久性的改变。想要获得立即的改变，唯一的可能就是，有

某个人告诉我们：如果你不马上停止这样做，你很快就会死。但是，即使有人提出这种威胁，仍然有很多人无法找到内心的力量来改变。

只要我们愿意，我们还是可以改变。丹尼斯在访问战俘、太空人、美式足球赛冠军选手、工商巨子以及他们的家人时，看到了他们时时谨记在心里的一些念头，最初好像是一张脆弱的蜘蛛网，经过长时间的练习和努力之后，这些念头逐渐强化，最后就成了一种坚强而又有价值的东西，像是奥林匹克运动会的金牌。我们全都拥有这种内在的力量，在我们每个人的目标中，都蕴藏着一座金矿。

意志守护神

你和我之所以和其他人不同，主要是因为我们真正期望自己的梦想会实现。我们希望改善自己以及周围人们的生活。我们并不是狂热者，不会被古怪的念头、药物或酒精所影响、欺骗。我们想要了解如何思考，以及为什么这样做。我们希望知道，头脑是如何发挥功效的，如此才能利用它为我们工作，而不是让它来和我们作对。你的头脑有一项机械作用，是你应该了解的，它可以被叫做"意志守护神"。

有这样一小群细胞，约 4 厘米长，从你的大脑主干呈放射状分散出去，这些细胞就叫做"网状反应

系统"。它的形状和大小相当于1/4的苹果那么大。你可以把它说成是你头脑内部一个隐藏的"苹果"电脑。

这种"网状反应系统"有一种独特的功能：过滤进入脑中的感官刺激（视觉、声音、嗅觉及触觉），以及决定哪种刺激将在你的意识中留下印象。它决定哪些资料可以成为你的一部分。

你所认识的人当中，有多少人是不听劝告的？你所认识的朋友之中，是否有人说，他们希望得到你的帮助，却又不断地走上失败之路？你可曾听到或见到任何人似乎是在不断地寻找麻烦？当然，你每天都会看到这种人。他们自己不知道的是，他们已经调整了"网状反应系统"，用来保护头脑，使任何成就都无法进入。他们所使用的方法就是故意去寻找消极的输入信号，和他们口中说要避免的问题。由于他们经常考虑到失败的种种可能性，因此他们的头脑已被调整为专门追求失败的自动导引鱼雷。

暂时放下本书，好好坐着，仔细听听你四周的声音，这是一种很有趣的现象，不是吗？你能够专心于阅读书籍，而不会注意到所有那些令你分心的事物。"网状反应系统"会把不重要的刺激加以过滤，而专门注重当时最重大的一些刺激。小孩的哭声、救护车的叫声、电话铃声，会把知觉转向你听到的声音

层面上。你一旦辨认出某种价值、思想、念头、声音、影像或感觉对你有重大的意义，那么，你的"网状反应系统"就会立即警觉起来。它会立刻把它所收到的与这个重要事物有关的任何资料，都传送到你的意识中。

为了清楚地说明这种"网状反应系统"如何替你工作，我们可以幻想你最近购买了一栋房子，它正好靠近某处起降繁忙的商用机场。你购买这栋房子的理由是：你整天在外工作，只在晚上才回到家里，这时候，飞机起降次数已经大为减少；你同时也想到，位于飞机起降区附近的房子比较便宜，你可以利用省下来的钱买一艘小型游艇，开着它去度周末。你已经决定忍受某些噪音和震动，以换取一些金钱上的报偿。

在你搬入这个新家之后，你一定会认为你当初买下这栋房子时，一定是疯了。每隔10分钟，窗子就震动一次，家具摇晃不已，喷气飞机的引擎声令你头痛万分。不过在分析过这些情况之后，你获得了这种结论：这对你的经济前途很重要，因此，你应该至少忍耐两年。在几个星期之后，一项惊人的改变发生了。你在晚上能睡得更熟了——飞机降落时的噪音像是海浪温柔的呢喃；你似乎不再注意到窗子的摇动和桌子的震动了。你的"网状反应系统"已经发挥作用，把所有不重

要的资料全部阻挡在脑外，协助你专心去处理较为重要的事物。

几个星期之后，你决定邀请一些朋友到家里来用餐。他们就住在山上，离飞机起降区稍远，但距你家也只是一两公里的距离而已。当他们在你家的餐桌前坐下来，一架DC10客机跟平常一样直接从你们头上飞过。餐桌上的碗盘微微震动，头上的电灯摇摇摆摆。你的客人们吓坏了。他们呻吟着说："你怎能忍受这里的生活？"你则很老实地回答说："你说什么？哦，你是指飞机声吗？""是的，"他们回答，互望了一眼。"你每天要忍受这种噪音多少次？""我已经很少去注意了，"你这样回答，"我感到难以忍受的，倒是你们门前那条泥土路上呼啸而过的摩托车。"朋友的回答果然不出你所料。"呼啸而过的摩托车？什么摩托车？我们已经不会再听到附近有任何摩托车的声音了。"他们这样加以强调。

这个"网状反应系统"最可爱的特点就是：你可以规划它，使它注意与成功有关的输入信号。它可以在早上叫醒你，让你不必再求助于闹钟。如果它知道你正在盼望着另一个重要的日子，它将会要你立即跳下床来。如果它知道你正在寻找更多的金钱报酬，对于任何与金钱有关，而且能够帮助你的一些资料，它都会特别敏感。

"网状反应系统"可以解释为什么有些人特别容易发生意外，相反地，它也可解释为什么某些人特别容易成功。它可以解释为什么某些人会从每种解答中看出问题；而另外的某些人则可以从每一个问题中看出解决的方法。某些人"很不幸地"在他们的头脑中装设了一部输入错误程序的电脑，使他们以最悲观的角度来看待每件事情。由于我们一直在改进自己，使我们更为积极进取，因此你我的脑中装置了一部输入正确程序的电脑，使我们能以最乐观的态度来看待每种情况。你在思考或与人交谈时，一定要小心提出你所强调的重要性，因为你的"网状反应系统"正在记录每一件事情，它将把你的愿望和恐惧转变为目标。把你的注意力集中在希望去的地方，而不是远离不愿去的地方。因为，你随时都在向着目前主要思想的路线前进。

阻碍是成功的动力

下面是"网状反应系统"在成功过程中被人在不知不觉中应用的例子，其中共同的特点就是他们没有看到阻碍，而是把它作为动力，走向成功。

美国总统林肯和杰斐逊都出生于贫苦的家庭，既无家产也没接受过什么高等教育，但却都当上了总统。

爱迪生小时候，因为功课不好

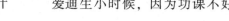

被老师赶回家去，后来成为举世闻名的大发明家。

富兰克林的父亲是个制蜡烛的工人，养了17个孩子，富兰克林排行15，他只受过一年的学校教育。后来不但哲学、文学、自然、科学、经济、政治和外交样样皆通，而且还精通4种语言，被国人尊为最有教养和最伟大的美国人。

作曲家柏林只读了两年书就辍学了，他想学作曲，但对音乐一窍不通，要修读音乐课程又付不起昂贵的学费，真是障碍重重。但他还是写了一首曲子，而且卖了33美分。后来他孜孜不倦地写了800多首歌曲，赚了几百万美元。

史田默芝是个侏儒，体弱多病，头大如斗，眼力也差。刚刚从德国到美国时，衣衫褴褛，一文不名，而且连一句英语都不会。谁能想到他后来成为使全世界瞩目的电学奇才呢！

另一位只受过5年学校教育，原籍爱尔兰的少年，最初是个月收入不到5美元的书记员，但却野心勃勃地想当作家，所以辞职不干，专心写书。他费了9年时间才赚了30美元，这就是大名鼎鼎的英国大文豪、诺贝尔文学奖得主萧伯纳未成名时的遭遇。

汤姆斯家里很穷，小时候身体虚弱，后来竟成为拥有30个企业的超级大富豪。

瓦特发明了蒸汽机，掀起世界工业革命。但他小时候却是个体弱多病的穷孩子，他没进过学校，教他读书写字的人是他的母亲。

发现地心引力的牛顿，小时候不过是个农家穷小子，父亲早逝，靠母亲辛辛苦苦把他养大成人。

达尔文曾患上严重的神经衰弱，后来却能著书立说，成为著名的进化论学者。

贝多芬这位举世无双的大音乐家却已失聪。

弥尔顿在写《失乐园》时是个盲人。

海伦·凯勒失聪、失明、失声，但却能排除万难，成为残障者的导师。

英国传道士约翰·班扬在狱中写成了著名的寓言小说《天路历程》。

上面的例子，足以证明无论是生理的残障或是人为的障碍，都无法阻止人们向成功的目标迈进。只要心想成功，阻力越大，动力越强，愿望的洪水终将奔入成功的海洋。

人生有很多门。当你面前有一扇门关闭的时候，还会有另一扇门为你打开。

运用你的"网状反应系统"向成功进发。且让我们记住：命运之轮在不断地旋转。如果它今天带给我们的是悲哀，明天它将为我们带来喜悦。

坚持不会一无所获

在面对那些看似困难的目标时（比如那些 5 年或 20 年后的目标），纵使达成目标对你来讲有很多阻碍，但是如果你可以坚持下去，却很少会一无所获。丹尼斯以自己的孩子怎样得到心爱的宠物狗为例讲了下面的故事——

我的孩子们很早就学会了制订生活目标的能力。他们并不完全了解"网状反应系统"，但他们却能掌握这种观念——你总是向着主要的思想方向前进。我的女儿戴安娜有一次参加了我所主持的制订生活目标的研讨会，她当时大约 11 岁，我永远忘不了会后发生的事。那一天，在我们开车回家的途中，她显得异样地沉默。显然她的小脑袋内，正在思考某些事情。

过了几天，我注意到我们家发生了一些奇怪的事情。我在厨房里踩到了一个空的金属盘，弄疼了我的脚趾。"是谁把这个'地雷'放在冰箱前面的？"我对着孩子吼道，他们当时正在吃玉米粥和香蕉片。戴安娜很高兴地回答说："是我，爸爸，那是我的小狗用的盘子。"

"那怎么会是你的小狗的盘子？我们家又没养小狗。"我立刻知道这大概又是某种玩笑。（我们家人经常彼此互开玩笑，以创造和谐的家庭气氛）

"它是我想象中的小狗，爸爸。但是，它已经逐渐变得十分真实，因此，我必须在这个星期内替它买个盘子，那么，当它来到家里之后，就可以用这个盘子吃东西了。"她说得十分兴奋。

"我要对你这个匆匆决定的拥有小狗的目标泼些冷水了，"我不屑地说道，一面吞下一口玉米粥和香蕉片。"这个盘子大得可以喂一匹马，而且，我们现在也并不准备养狗，以后也不养。"

她立刻展开反攻："但你说过，如果你真正决定想要某样东西，然后，去收集所有的有关资料……"我和一般父母一样，立刻打断了她的话。"我知道我说过什么，"我回答说，"但那是在研讨会上，我们现在是在家里。小孩子在制订他们的生活目标之前，一定要先获得监护人的同意，那就是我！"孩子们默默地吃完早餐，向他们的母亲吻别，然后上学去了。

那个周末的下午，我参加一次研讨会后回到家里，看到戴安娜一手托着一条长长的铁链，在院子里走来走去，并且不时回头向那条铁链说话。我一走出车库，立刻向她盘问。"你手上拿着那条铁链，自言自语地，你究竟在干什么？"我这样问道。"这并不是一条铁链，爸爸，"她对我说，"这是我的狗链子，我现在正在练习带它出去散步。"我告诉她，她最好到自己的房间去练习，因为邻居们可能会看到，而他们早已认为我们这一家人有点怪怪的。

我知道，我在这个小狗的问题上，对孩子是有点儿太粗鲁了，所以我决定解决此事，跟女儿开开玩笑。因此我表现得好像对她的目标很感兴趣。"如果我们将来搬家以后，你真的得到一条小狗，你希望养哪一种小狗，宝贝？"我轻声问道，"狮子狗或博美狗？"

"你知道我并不喜欢那些迷你狗，爸爸，"她叹了一口气，"我要养的是阿拉斯加的拖雪橇狗。"

就我所知，这种雪橇狗体积很大，食量也不小，一向在北极地区拉雪橇。因此，我提醒她说，我们现在是住在南加州，这儿整年天气温和，这可怜的雪橇狗将要喘个不停，毛也会掉光，整个夏天都要躲在树下。"此外，"我接着说，"它可能会满身臭味。"

她的头脑既单纯又固执。"你说得对，爸爸，"她回答说，"但雪橇狗的鼻子十分灵敏，它总会找到回家的路，它将会是一条很棒的看门狗，你马上就会知道的。"

情况变得很危急，但我知道我有绝对的优势，而且，就算我在家庭会议中投票失败，我也仍然有绝对的否决权。"在一年左右，你将不会有这条狗，如果你将来真的有了它，你知道它将会是什么模样吗？"吃完晚餐后，我这样问戴安娜。她的回答令我大吃一惊。

"它有一身黑毛，小腹和大腿夹杂一点棕色，"她想象着说，"它的额头有一块白色的钻石形记号，有一双漂亮的棕色眼睛。"她的脸上露出喜悦的光辉，并拿出一只小笔记簿，封面上写着"如何照顾及豢养雪橇狗"，她翻弄着这本小簿子。"你将会喜欢基摩的，爸爸。"她很有信心地说道，这使我想起了我自己曾企图说服孩子，要他们相信南瓜和花椰菜十分可口的情景。

"你说什么？基摩？"我说，同时试着去控制我对这种不可能的"愿望"形势开始产生的愤怒。

"基摩就是它的名字，爸爸，"她又叹了一口气，"这个名字是从'基摩沙北'缩写而来，这是印第安的土话，意思就是好朋友。"我提醒她，我小时候每周都收听电台播放的《孤星侠》故事，所以我知道得很清楚，故事中的那位印第安人东托就是用这4个字招呼他的朋友——蒙面侠。我觉得我们的讨论已陷入僵局，于是我主动停止了关于狗的辩论，我们一起前往客厅，欣赏电视节目。

第二天就是父亲节，我应该早就明白，在这个我应该受到尊敬的日子里，我却经常要花钱买东西送给孩子们。

在那个星期天的早上，我从楼上下来，决心要过个我一直想过的那种父亲节。"今天，我们到教堂去参加礼拜，然后，我不想做任何事情。"我对全家人宣布说。"从教堂回来之后，我要换上浴袍，放松心情，整天观看电视转播的棒球比赛以及一些老电影。"我又加了这几句话，口气带着几许自大。我注意到所有的小孩都穿得很整齐，头发也梳得光洁，而且全穿上了外套，似乎是准备出门的样子。我打开了孩子们送的父亲卡，里面除了一些可爱的小诗之外，在卡片的下方用胶带贴着一小块从早报上剪下来的分类广告，广告上写着：

"最后一只可爱的 AKC 小雪橇公犬，纯种，有证书、注射证明，只要 500 美元。今天请速参观，机会不多，理想的儿童宠物。"

"今天是父亲节，到教堂做完礼拜后，难道你不带你的孩子们外出走走？"这一群可爱的小家伙同声要求着。

"事实上，我就是不想那样做。"我回了一句，然后低头看起我的电视周刊，想要知道球赛转播是从什么时候开始。他们的回答显然事前已做过很好的演练，而且很可能是由他们的母亲亲手导演的，听起来有点像是卓别林电影中的名曲《猫在摇篮里》。

他们齐声唱道："没有关系，爸爸。不要伤心，因为我们长大后，就会跟你一样。"他们继续唱下去，"有一天，当你年老，头发变白，你会希望我们在父亲节里来看你，你会说：'来吧！孩子，来看看爸爸。'

但我们会说，'抱歉，爸爸，我们要看电视。'哦，没有关系，爸爸，不要伤心，因为我们长大后就会像你一样。"

……

离开教堂之后，在前往宠物商店的途中，我向孩子们训话，规定了当天所要遵守的一些规定：他们只能到店里和那只小雪橇犬玩几分钟，我将留在车上，收听棒球赛的实况转播。他们可以得到有关那只小狗的所有资料，然后，我们就带着这些资料回家，等到将来，我们万一想养小狗，就会知道应该怎么办。我搬出了所有反对理由，来说明我们为什么不能养狗。我首先提到责任问题，尤其是当我们有事出远门时，谁来照顾它，还有可能会染上狂犬病，万一它咬了收水费的收费员，人家还会告我们呢。我又提到了很多重要的问题，我说，一个节约的家庭在从事养狗这种昂贵的投资之前，都必须考虑到这些问题。

到了宠物店之后，我真不明白，他们只不过是去了解一下那只小狗的情形，怎么会花了那么久的时间。当然，那家宠物店的老板应该不会只是让一群小孩子和他的商品玩上半个小时的。我打开车门，想进去看看这些小孩子们究竟在干什么，这时，一个有着四只脚的"毛球"突然向我冲了过来。它浑身黑毛，小腿是棕色的，额头有一块白色钻石形的记号，一双棕色的大眼睛。我想，最吸引我的就是它那双眼睛。它舔着我的鞋子，拉扯我的裤脚。在我身边绕着圈子奔跑，小而卷曲的尾巴摇摆得十分厉害，看起来就像是一架停在地面上的直升机，正要立刻起飞似的。它仰卧在地上，抬着头看我，似乎要我抚摸它胸部和腹部的毛。它知道谁是它的主人。我说："上车吧！基摩，我们回家去看电视转播球赛。"

这只小狗花了我 500 美元，我另外又花了 500 美元筑了一道篱笆，以防它走失，它把家具的带子咬掉了，把花园弄得一塌糊涂。它咬坏了拖鞋和我最好的一双慢跑鞋。它直接冲破纱门，跑进屋子里来。

它到我家之后不久，我和孩子们陪着它在客厅玩，太太则外出购物去了。很不幸地，基摩选中了我太太最喜爱的波斯地毯，把纤维扯得满地都是。

我妻子的这张波斯杰作，是用不同颜色的丝线和毛线很精巧地编出一幅冬天的景色。中央部分是一只加拿大的白天鹅从一个宁静的湖上飞起来。很显然，雪橇狗是大近视眼，因为基摩竟然把毯子的白天鹅当做美餐般地大吃起来。我一把握住这只小狗的下巴，赶紧把松散的线头全部从它口中拉出来，否则它一定会全部吞下去。以后的两个小时，我忙着把这些松散的各色丝线与毛线织回去，拼命想要编出一

只加拿大白天鹅来。但是，我编出来的东西却像是一只落水的火鸡。

我太太回来时，孩子们和我正把毯子拉平，收拾编织的工作。我太太大叫："我的毯子怎么了？"她走近了，想要查看一番。我挥挥手，要她走开。"不要担心，"我若无其事地说，"孩子们和我在屋里和院子里追逐了好一阵子，结果我们把你的地毯弄脏了，上面沾了很多泥土。我们刚刚把你的毯子洗干净了，你现在最好不要踩上去。你何不等到明天毯子干了之后，再去检查？"我很紧张地建议。她摇摇头，说道："看来有点不大对劲。"我来不及阻止，她已经一把抓起吸尘器，一下子就把地毯中央白天鹅那一部分的长毛吸掉了。"老天爷，"她尖声大叫，"你把我这块价值连城的地毯弄成什么样子了？"我提出无力的借口说，"这张地毯一定不是真正的波斯地毯，可能是伊朗的假货，即使在正常的情况下也会掉毛。"

"是你的狗干的好事，对不对？"妻子质问道，她的声音相当激动。"那不是我的狗，"我抱歉地加以辩解，"是我们的女儿戴安娜的狗咬坏了这块地毯。"我太太冷冷地回了一句："是你花钱买来的。"我回答说："但是，是她想出来的。"我极力辩解，表明我是无辜的。

以后的一两个星期之内，家里的气氛相当冷淡。每一次，太太走过原来铺着那块地毯的地方时，总

会喃喃埋怨小狗和我，仿佛我们是同一类的动物。同时还说，她真希望演说家在家里的行为，和他在研讨会上所说的一样。

幸运之轮

为了争取我们的朋友、家人及同伴支持我们实现目标，首先要决定好我们的目标，一开始就明确地知道我们在生活中所追求的是什么，那就等于已经成功了一半。大多数人把生活看成电视节目中的一项游戏：你转动一个轮子，试试你的运气，你可能得到一些昂贵的奖品，也可能空手而回。

现在丹尼斯将另一种不同的"幸运之轮"介绍给你。有了这个"幸运之轮"，你可以事先计划，使你一开始就打好获得胜利的有利基础。只要你能了解基本的规定，并且遵守，那么，你就能获得胜利。

在开始之前，先让我们看看几个名词及定义：

幸运：根据正确的知识努力工作。我们一旦知道自己想干什么，开始准备并着手进行，那么，我们将开始有好运气。

恐惧：虚假的定义。前面我们已经说过了，我们所害怕的事物，其实大部分都是想象中的，或是早已发生过的事，可能很容易解决，否则，就是我们无法控制的。

拖延：因为对事情的结果有所恐惧，因此不敢采取行动。而事实是，你可能是害怕成功，或是害怕失败。

目标：明确由行动决定的目标，能够正确说出、讨论、想象以及用笔写下来。所订的目标应该是你目前尚未达到的，但距离不能太远。

梦：白日梦就是尚在形成阶段的目标。晚上所做的梦，通常来说就是潜意识情结，能够帮助我们解决我们的情感冲突。

主要思想：推动你实现日常生活的目标的令人难以忘怀的事情。

自我谈话：你在每一分钟和自己进行的有关生活的内心交谈。自我谈话也是你和其他人谈论你自己以及目标的交谈方式。

游戏规则：只有一条规则。你的幸运之轮并不是一种运气的游戏，而是一种选择的游戏。你将根据所做的决定来过你的生活。你不能喊暂停，不能找人"替玩"。

我们要事先练习：在我们真正转动这个幸运之轮以前，且让我们做一些动脑的练习，让我们的头脑活泼起来。对下面的问题回答"是"或"否"：

（　　）我做每件事是否都能有始有终？

（　　）我是否在想象中预先设定目标？

（　　）我是否拥有一些似乎无法改正的坏习惯？

（　　）对于我在某一特定范围

内的成就，我是否一再拥有相同的白日梦？

（　　）我是否以积极的方式来谈论及思考我的目标？

（　　）我是否知道自己的生活方向？

然后，让我们利用想象力来想象自己希望去做的一些有趣的事。如果你的梦想实现了，生活将会变成什么样子？你可以在完成下面这些句子时，稍做梦想：

我真正希望拥有的一项目标是

_____

如果我有很多钱，我将要

_____

我希望成为这样的人

_____

我希望去游玩的一个地方是

_____

我的生活将会过得更好，如果我能

_____

如果我有时间，我将

_____

如果我能从头再来，我将

_____

现在，再让我们来进行最后的热身运动，请诚实地指出，你在生活之路上以更快的速度滚动幸运之轮奔驰时，你所遭遇的重大阻碍是什么？下面列出的是最常见的阻碍，人们常说这些阻碍使他们无法实现生活目标。如果你觉得其中的某项障碍也是你所遭遇的，请用"√"把它选出来。

（　　）缺乏教育
（　　）缺乏资金
（　　）经济不景气
（　　）通货膨胀
（　　）配偶不合作
（　　）家庭不和
（　　）选错了行业
（　　）家眷太多
（　　）外表不吸引人
（　　）因性别、种族受到歧视
（　　）公司制度不完善
（　　）交友不慎
（　　）身体状况不佳
（　　）信用不佳
（　　）参加了错误的组织
（　　）酗酒、服药等
（　　）星相不好
（　　）思想落伍
（　　）找不出合适的工作
（　　）老是为人冷淡
（　　）缺乏家庭支持
（　　）居住的城市经济不景气
（　　）所从事的事业已经过时

你还记得吗？在本章的前面我们说过，你是与众不同的。这是真话，因为，如果你不是生活中的胜利者，你也不可能会到现在还阅读本书。缺乏自尊而且生活态度消极的人，很少甚至从来不曾阅读对他们有帮助的各种书。他们只知道如何去"逃避"现实、去打发时间，本书的目的是要帮助你如何发掘自己，而不是逃避自己。我们之所以这样说，主要是因为你可能在上面选了很多项的重大障碍，并且认为你因此而不能达成生活目标。

相信你能坦诚对待自己。也许你并未获得所希望的教育，你所服务的公司也未发掘出你杰出的能力，你的配偶似乎只希望你保持谦卑。不管问题出在哪儿，你都要知道，你应对目前的生活负责任。因为，你已被赋予世界上最大的力量——选择的力量。

你也了解，你过去所选择的目标，以及所做过的决定，已经造成你眼前的这种生活情况。

你也知道，前途主要决定于你为自己制订的目标，因为它将影响你每天的决定。

你还知道，我们的自尊、创造想象力以及责任感，正是我们生活旅途中的重大阻碍或绿灯。我们必须记住这一点，然后才能考虑如何来玩这个"幸运之轮"。

请参加这个"幸运之轮"的游戏，轮上共分成8个部分。在轮上这8个部分的每一部分，分别列出了几个开展目标的想法，你可以根据它们来开始建造你自己的"幸运之轮"。在制订目标的基本过程中，你可能已经取得重大的进展，但是，即使你已经超前，也请你合作，一起玩下来，当做是检查你进步的情况。

这8个部分分别列出了一些基本的目标，你可以从中选出1项，或是选出你一直在努力思考的某项

念头。

下面的几节对这8大目标提出了尽可能全面的问题，相信会帮助你转好"幸运之轮"。

幸运之轮

精神目标

本节将帮助你回答下列问题：

人生的真正目标是什么？我如何能获得心灵的平静？

在这一节你所回答的问题能帮助你看清一些十分根本的问题，它们几乎能影响你日常生活的每一项行动、每一个决定。这些问题能引导你订立精神目标，及帮助你如何将精神信仰运用于日常生活中。

为了帮助你能更加明确地订立精神目标，本节分为2个部分：

内在精神成长：

这部分的问题将帮助你确认出更能丰富心灵的目标。

外在精神成长：

这部分的问题将帮助你找出能

将精神信仰和精神价值观融入并运用于现实生活中的方式。

●内在精神成长

1. 你最重要的精神目标有哪些？你如何使它们增强？

2. 你每天能做些什么，以加深信念，并确保心灵成长？

3. 你每天应如何表现，以便感到愉悦、平静？

4. 你如何进一步加强那些你所看重的、最珍贵的精神价值观和精神信仰？何时开始实行？

5. 生活中有哪些事能让你内心充满宁静，并正是你想多体验的？你如何能办到？

6. 你如何安排时间，并将这段宁静的时间善加运用到你的信仰上面？

7. 你想培养哪些精神特质？如何去实行？

8. 关于宗教和人类精神的发展，你想更了解些什么？你如何以及何时去寻找答案？

9. 哪个精神领袖是你想多多了解的？如何以及何时去找答案？

10. 还有其他哪些内在精神目标是你想达成的？

11. 你能做些什么让你的精神生活大大地改善？如何开始？

12. 有什么精神上的目标，目前看来绝无可能达成，然而一旦达成，会对你的生活产生根本的改善？

●外在精神成长

13. 你从事信仰的地点有哪些方面是为人忽略的？而你可以提供帮助？

14. 你如何帮助家人建立精神信仰？何时开始？

15. 你想从收入中拿出多少来作为你信仰的付出？何时开始？每隔多久一次？

16. 你想和谁分享你的信仰和信念？何时开始实行？

17. 你如何帮助他人培养精神信仰？何时开始？

社会和社区目标

你对社会的责任是什么？是帮助别人？你希望能为社会作出怎样的贡献？

本节中你所回答的问题可帮助你认清的目标是关于你对社会的投资。举例来说，你可能会发现自己所定的目标和下列各项类似：

1. 参与学校或某某协会的会议

2. 将打算卖掉的旧车捐给积金会

3. 替当地公共广播电台担任义工

为了帮助你明确地定出社会与社区目标，本节分为2个部分。

时间部分：

这部分的问题可以帮你找出如何帮助除了亲人和朋友以外的人。

财产部分：

这部分的问题帮你订立的目标，是关于思考生活中的那些物质资源——金钱、衣物、食物等你可以和社会分享的。

●时间

1. 有哪些慈善活动或组织，比方说红十字会，是你想加入担任义工的？打算何时开始？

2. 你想提供给社会什么样的贡献或协助？你如何开始？

3. 有哪些小小的善事或仁心是你可以做到并能让别人更快乐的？

4. 在日复一日的生活中，你如何能给人群或社会带来一定的影响？何时开始实行？

5. 你如何照亮老年人的生活？

6. 你想为人类留下什么长远的贡献？你想要人们记得你什么？

7. 有哪些政治、社会或道德的议题，比方说大众对艾滋病的认知，是你想深入参与的？你如何及何时开始？

8. 你能做些什么，比方说组织守望相助队，让你邻近的居住环境更加安全？何时开始？

9. 有什么服务活动或对他人的帮助目前看来似乎绝无可能，然而一旦达成，将会给你及其他人的生活带来根本的改变？

●财产

10. 你希望死后能捐赠什么器官？你如何确保自己的愿望能达成？

11. 有哪些物质财产是你或家人不再需要，你想提供给慈善机构的？何时实行？想捐给哪个机构？

12. 你想捐钱给哪个慈善机构或慈善活动？你打算捐多少？

13. 橱架上有哪些多余的食物是可以提供给别人的？

14. 对于一些你自己读过并束之高阁的书籍，你该如何处理，比方说捐给学校或图书馆？

15. 你如何用电话帮助别人，比方说每天打电话给老年人慰问一下？

16. 你如何使用环保再生器具，比方说响应学校或青年团体的饮料瓶回收运动，以帮助他人？

17. 你的哪些财产是你不会用到，并可以提供给更需要的人的？

18. 还有哪些社会服务目标是你想达到的？

事业目标

问问自己下列问题：

我可以创造什么机会来改进我的服务？我如何将工作上的努力转化成财富？我如何协助配偶发展事业？我应该从事何种事业？

你有必要认清一个事实，如果你有职业，即使你并没有定薪，你也可能拥有一项成功的事业。

比方说，你可能发现自己写下的目标和下列各点类似：

1. 接受别人所交付的，与你专业有关的重大责任。

2. 学习使用电脑网络系统。

3. 改善与上司的关系。

为了帮助你订立更明确的目标，本节分为 3 个部分：

发展目标：

这部分的问题能帮助你找出发展技能和职业生涯的策略性目标以及所需从事的活动。

人际关系目标：

这部分的问题着重于如何建立与同事或其他分享你专业兴趣的人的同济关系。

机会：

这部分的问题是帮助你找出职业发展和领先的机会。

●发展

1. 你应如何明确地做才能表现优异，并在专业领域中被认定是第一把交椅？何时开始实行？

2. 你如何加强领导能力并获得同事的尊重？

3. 你能做什么，比方说阅读工业杂志或参加网络俱乐部，以便能随时掌握专业领域中的潮流和资讯？何时开始？

4. 你的事业中有哪些未来的趋势是需要你去学习新技能的？何时开始？

5. 你可以明确做出什么，改变什么或消除什么，好让自己的一切更有组织？

6. 在哪些状况下如果你更善于协商，会获益更多？你如何达成理想？

7. 哪些专业证明或资格是你想取得的？

8. 为了突破你的事业，有哪些额外的教育是你希望能接受的？何时开始？

9. 有哪些专业技能，比方说销售技巧，是你想增进或加强的？何时开始？

10. 你是否想获得高等教育学位？何时开始实行？

11. 学习使用哪些科技设施能让你在这个信息时代跟得上潮流？

12. 你想参与哪些协会或组织以便让事业更具前景，并增加你的信用？

13. 你希望谁能成为你事业上的导师？你要何时向他们咨询？

14. 自行练习哪些活动，比方演讲，可以对你的事业有帮助？

15. 你如何扩展自己的专业触角？

16. 你如何提升自己的服务品质，以便在工作上获得更多肯定，并获得加薪？

●人际关系

17. 你能做些什么，比方说针对某项计划提供帮助，来增进与同事的工作关系？

18. 你能做些什么，比方说私下提出的异议一旦公开时尽量表现同心，以增进你与老板或上司之间的关系？

19. 你如何增进与顶头上司的上司，或公司里的总裁之间的关系？何时开始实行？

20. 你如何帮助你的工作伙伴，在他们上司中留下更好的印象？

21. 你能做些什么，来协助建立部门或组织内的团队工作精神？

22. 你能做些什么，以有助于表达决断力或更有效地获取他人的注意？何时才能达成？

23. 哪些运动或一般兴趣，比方说打垒球，是你可以和同事分享的？你打算何时开始？

24. 你如何解决工作上的困难或同事之间不和谐关系？

25. 什么职位、荣誉或是下一个具有挑战性的工作是你想要达成的目标？你首先需要做什么使这些成为自己应得的？

26. 哪些工作、层级和职位是你在目前的工作环境中想得到的？

27. 你能创造哪些机会，比方说成立自己的公司或发行部门简讯，以促进你的事业发展？什么时候开始？

28. 你能与同事或上司分享哪些点子，以帮助公司提高产品质量、节约、增加销售量以及生产力？

29. 你能做什么，比方说参加重要的委员会，以便利用公司的运作架构来提升你的事业生涯并让你的贡献更加有目共睹？你如何实现？

30. 有哪些工作上不必要的中断或琐事你可以打发掉或委托别人，以便提高生产力？如何办到？

●机会

31. 1年、2年或5年后你想从事哪一类型的工作？现在必须做什么以达成目标？

32. 你想以什么维持生活？如何追求这个目标？

33. 如果你中了500万元的彩券，你会选择怎样的生活？现在的你应怎么追求这个目标？

34. 你认为你的技能和工作方式更适合哪个公司——你想为之工作的？什么才是你理想中的工作环境或文化？你何时要与这家公司接触？

35. 你如何让自己的事业有长足的进步？

36. 在事业方面，目前有哪些事是绝无可能发生的，然而一旦达成，会对你的事业有根本的改善？

37. 还有其他哪些事业目标是你想达成的？

家庭目标

任何事业上或团体中的成功都不能弥补亲情的缺憾。

本节将帮你回答下列问题：

我该做什么让家庭生活更美满？当父母无法照顾自己时我该提供哪些最好的照顾？

这一节你将回答的问题会助你找出身为家庭的一员，所存在的长处及短处。

这些问题所能帮你定出的目标是关于：如何认清个人角色以尊重家庭，挪出时间以培养健康的亲情关系等。

举例来说，你会发现自己订立的目标与下列类似：

1. 替自己和亲密的人计划一个假期。

2. 邀请父母和家人一同参加周末之旅或周末历险。

为了帮助你更明确地定出目标，本节分为 2 个部分：

双亲：

这部分的问题帮助你定出的目标是关于与双亲建立的适当关系的课题。

其他的亲戚：

这部分的问题帮助你制定了一个维持与兄弟姐妹及其他亲戚一定关系的目标。

● 双亲

1. 哪些重质不重量的活动，比方说一起度假，是你想和父母亲一起做的？你打算何时安排？

2. 你想替父母亲做些什么，比方说安排乘船度假或者提供金钱方面的帮助，以便让他们的生活更充满乐趣？

3. 你能做些什么来增进与父母亲的亲密关系？

4. 若你的父母年事已高，或无法照顾自己，你要做怎样的安排？

5. 关于父母，你还希望达成其他的哪些目标？

● 其他亲戚

1. 有什么事是你想与家庭中的任何成员分享却终究没能做出的？

2. 哪些家族中的成员是你应写信或打个电话慰问，但你却没能保持联络的？你要何时跟他联络？

3. 有哪些亲戚年事已高，你希望在他们生命结束之前能多加了解的？

4. 哪些运动或一般的兴趣，如骑脚踏车或露营，是你想和家族成员分享的？

5. 你想知道家族史的哪些事情？如何去探知？

6. 哪些特殊的年度活动，如家庭野餐聚会，是你可以和双亲或较亲密的亲戚一同计划的？打算定在何时举行？

7. 你如何利用家庭聚会将整个家庭组织起来？

8. 你能做些什么来增进与其他亲戚间的亲密关系？

9. 你如何能使得其他亲戚的关系大为改善？

10. 关于其他亲戚，你还希望达成其他哪些目标？

心理目标

本节可帮助你回答下列问题：

我是什么人？此生结束后我想留下些什么？我现在的所作所为与我想达到的是否一致？

在这一节里，你所回答的问题有助你认清自己的长处与极限。这些问题引导你定义出的个人目标能反映出正面积极的态度和情感，增加创造力与智能，同时令你在现实生活中更有自信，更能活出自己。

举例来说，你发觉自己写下的目标可能与下列各点很相似。

1. 列出一张自己性格中的长处

表，每天至少读一次。

2. 工作的日子里每天总是夜深人静才就寝，早上 6：45 分就能起床。

3. 每个月至少去一次博物馆或欣赏一场交响乐音乐会。

4. 每天至少称赞一个所遇到的人。

为了让你对自己的目标能更加明确，本节将分为 2 个部分。

性格发展面

你可以把这些目标当做是一种潜移默化。借着这些潜移默化，能够让你增加对自己的信心和评价。这些目标诸如：自我肯定、压力下的自我控制、情绪平衡等。

现实生活面

通过这些目标的达成，能使你的转变在他人眼中显而易见。包括：习惯、日常礼仪、言谈、自我防卫等。

●性格发展面

1. 你有什么自我局限的想法或恐惧是你想要克服的？你该采取什么样的行动来克服它们？

2. 你有什么样的心态或信仰是你想要改变的？你打算何时开始？如何改变？

3. 生活中你有过什么梦想、希望或憧憬，却因某种恐惧或不安而未加以实行？此刻开始，哪一个是你想要去实现的？

4. 如果能够严格地自制，你认为生活中有哪 3 件最重要的事情你

能够加以改善？你打算何时开始？

5. 有什么特质，比方说平易近人，是你想替自己培养的？你要运用怎样的方式去做到？

6. 有什么性格方面的缺点，比方说缺乏耐性，是你想加以剔除或改善的？你要用怎样特别的方式去办到？

7. 你要怎样做以便让自己变得更加真诚可靠？你想先从哪一方面开始？

8. 你希望别人如何看待你，比方说刚正不阿？有什么个人的形象是你必须改变的？你要如何加以改变？

9. 你应向生活中的哪些方面或哪些情况挑战，以便脱离安逸的状态？你如何去达成？

10. 你要怎样做才能变成自己更好的朋友，比方说，试着原谅自己过去的错误？

11. 你对自己最大的梦想、希望或憧憬是什么？要怎么做才能实现？

12. 如果明天早上醒来时你将可以多一种能力或特质，你最想要什么？现在的你要怎么做才能培养出这项能力或特质？

13. 你认为自己做什么事，比如早晨阅读或开车时听听录音带，可以丰富心灵或是智能？你要何时开始实行？

14. 你认为生活中有什么问题，比方说，走出与某人的恶劣关系，一经解决之后，能使你的心灵得到

最大的平静？你认为应该做怎样的努力才能解决这些问题？

15. 你觉得每天起床后应该做什么事，比如冥想或祈祷，可以让你一天的生活有个正面、积极的开始？

16. 你认为自己可以做些什么，或改变、改善，甚至消除些什么，来令生活更有意义、更有目标？

17. 生活中有哪些关系是你应更尽责任的？你要如何明确地去实行？

18. 在何种状况下你应表现得更能对自己的行为或情绪负责，而不是怪罪他人或替自己找借口？

19. 要做怎样的努力，才能让你成为一个讨人喜欢的人，比方说，在别人意想不到时表现出真挚关怀？你打算何时开始？从哪一个对象开始？

20. 在陈述自己的意见之前，你要如何充分地理解别人的观点或看法？

21. 哪些情况下你希望自己能更大胆、更勇敢、更能冒险，以便从经验中成长而不会在事后感到后悔，即使害怕或胆怯也无所谓？你要如何办到？

22. 在哪些情况下你可以更具远见，以便达成自己想要的结果？你要从何时开始？

23. 有什么目标是目前似乎不可能办得到的，然而一旦达成，就能对你的所作所为产生很大的改变？你如何让它发生？

24. 你能做些什么来让个人生活"大跃进"？举出关键的一项。你打算何时开始？

●现实生活面

25. 生活中有什么事情是你会加以逃避或找借口的，而为了令自己的心灵能够平静，你应该重新去注意？

26. 生活中有哪些方面或哪些行为，比方说人际关系或亲密关系，你若全力以赴，不因任何理由退缩，就能加以改善？什么时候你要下定这个决心？

27. 你认为自己能做些什么，改变或消除些什么，以使生活更加简单？

28. 生活中的哪些情况若你能在行动前详加计划，就会对自己更有帮助？你打算何时开始计划？

29. 生活中哪些特别的方面，比方说个人的财务计划，你若能专心地做长远的打算，而不是寻求快速的解决方式，能使自己获益匪浅？

30. 哪些个人习惯改进后，你会觉得更安然自在？你打算何时开始实行？

31. 哪件事，比方说你宽恕的能力，如果能加以注意或改善，就会替你的生活带来十分正面的冲击？

32. 有什么事是你在离开人世之前想要完成的，比如，希望孩子能更坚强？如何能办得到？

33. 如果你能随心所欲、毫无顾忌，你最想做什么事？比如，开拓一个全新的事业或培养全新的兴趣？

对目前的你来说，要如何去实现？

34. 如果能允许你在生命中有件事是你可以拥有，而且保证成功，比方说自己的事业，你最想要的是什么？你应该采取怎样的行动才能让它成真？

35. 何种情况可以帮助你更加果断？你要何时开始实行？从何种情况开始？

36. 有什么不必要的义务是你应加以推却，向它说"不"的？

37. 有什么是你可以毫无罪恶感地去做或说出来的，以防别人占你的便宜？

38. 生活中哪些方面或哪些情况，是你希望自己能不再找借口推诿的？你要如何开始认真地看待这些状况？

39. 在什么情况下，如果你能抽身以旁观者的角度来看待，而不掺入太多个人的情绪，结果会更好？

40. 你曾经有哪些构想是关于新发明、新产品或新的服务方式？要如何开始将之实行？

41. 你想进入哪一所大专学院？你是想取得学位或仅是继续接受学校教育而已？

42. 你希望选择哪个人成为你终生的良师益友，他可以引导你并成为你的榜样？你何时要与这个人接触？

43. 哪种烹饪方式或哪道菜是你想要学的？打算何时开始？

44. 你今年的生日想要什么？

45. 你想要以什么来防身，比如随身带哨子或防身喷雾剂，以便在遭受骚扰攻击时可保护自己或心爱的人？

46. 还有其他哪些个人目标是你想要达到的？

健康目标

人们常说"拥有健康就拥有一切"。

本节能帮助你回答下列问题：

我要怎么做才能强身健体？如何才能增进体力？这一节你将要回答的问题，能帮助你确认出想要拥有健康和长寿必须做怎样的改变。这些问题能引导你定义出与饮食、体重控制、瘦身、嗜好和生理外观有关的目标。

比方说，你会发现自己立下的目标与下面叙述类似：

1. 从事何种户外活动，如野餐或露营等，会持续曝晒超过 1 小时以上，我一定擦上防晒油。

2. 两个月定期检查牙齿和洗牙。

3. 从事每周运动一次的计划。

为了让你更能明确地订立目标，本节分为 3 个部分。

外观：

这部分的问题是针对你的外表：自己或别人眼中的你。这些问题还会特别针对你的身材、皮肤、头发、牙齿和眼睛来讨论。

内在因素：

这部分的问题则针对任何对健康有影响的因素：饮食和营养补充、抽烟、睡眠。同时涉及身体健康的显示值，如心跳速率、胆固醇指数、体脂肪比率等。

运动：

这部分的问题则讨论体育活动、每日健康和运动习惯，以及运动器材和运动计划等。

●外观

1. 你希望自己的体重多少？在多长时间内达到这个理想体重算是合理的？你要如何完成这个目标？

2. 你希望自己的腰围多少？你希望穿什么尺寸的衣服？

3. 你希望80岁的自己看起来或感觉起来是什么样子的？从今天开始你能做怎样的努力以尽量去变成你所期望的样子？

4. 你想要活到多大年纪？你要改变或改善自己哪些习惯才能使这个目标实现？

5. 你能做怎样的努力，比如使用保湿乳液以及每天喝6至8大杯开水，细心地呵护肌肤，使自己看起来更年轻？

6. 你能做怎样的努力，比如利用牙线，来改善或保持牙齿和牙龈的健康？你应该改变什么，放弃什么，或更常做些什么？

7. 你能做些什么，比如少用吹风机吹发，来保护头发及头皮，让它们看起来年轻健康？

8. 你能做什么来保护眼睛？

9. 你想在身体上做什么样的改变？比方说整形手术。你要如何以及何时做这些改变？

●内在因素

10. 你希望自己的体脂肪比率是多少？要怎么做才能达成？

11. 你希望自己的心跳速率保持多少？要怎么做才能达成？

12. 你希望自己的胆固醇指数是多少？要怎么做才能达成？

13. 你希望自己能多久接受一次健康检查？你打算定在何时检查？

14. 你想学有关营养方面的哪些知识，比方说哪些食物能提供你充沛的精力？如何以及何时吸收这些知识？

15. 你希望自己每天饮食内容为何，比如多吃哪些水果和蔬菜？何时开始实行？

16. 你每天应该摄取哪些维生素或维生素补充品，比如铁质？你如何决定自己需要哪些成分？何时开始进行？

17. 你希望每晚能有多少睡眠时间？你如何确保这样的目标能达成？

18. 改进哪些坏习惯，比方说抽烟和夜里很晚进食，可以让身体感觉更健康，身体机能更好？

19. 你能做什么让整体的生理状况大大改善？

20. 你还想达成其他哪些有关健康的目标？

●运动

21. 你想培养哪些每日的健康习惯，比方说早晚抽些时间快步走，并加以严格遵守？何时开始？

22. 你想做哪些体能活动，比方说慢跑？何时开始？

23. 有哪些运动技能是你想更精通的，比方说高尔夫球？此一运动的哪一方面是你特别想改善的，比方说推杆？

24. 今年你想参加哪些运动大赛，比方说铁人三项或加入垒球联盟？

25. 你想进行何种运动计划，比方说有氧训练，多久一次？何时开始？

26. 你会选择谁作为你的运动伙伴？你何时要与他（她）接触，何时开始运动？

27. 你想拥有什么新的运动器材，比方说滑雪板？

28. 如何能增进你的耐力、弹性和体力？何时开始？

29. 哪些生活中的琐事，比方说购物时将车停在离购物中心最远的车位，多走几步路，可以确保每天的运动量？

30. 你需要改进些什么，比方说身体的弹跳力，以便在你最喜爱的运动中有最佳的个人表现？

31. 有其他哪些运动是你想挑战或是想尝试的？何时开始？

32. 哪些运动以你目前的体能绝对不可能达成，然而一旦达成，将对你的体能有非常大的改变？

财务目标

本节助你回答下列问题：

我希望退休时的物质生活如何？我如何替孩子储备高等教育基金？我能从何种投资中获益最多？

本节的问题可帮助你订立的目标是关于在某个年龄阶段之前建立一定的财富基础、拟定家庭预算、储蓄旅游基金、控制信用额度的使用情况等。

比方说，你可能发现自己订立的目标与下列各点类似：

1. 明年的收入要比目前增加30%。

2. 每个月替每个孩子购买100美元的储蓄。

3. 40岁赚到500万。

为了帮助你更明确地订立财务目标，本节分为4个部分：

收入：

这部分的问题帮助你建立的目标是关于你的年收入、收入的长期增长，以及负债的减少。

储蓄与投资：

这部分问题帮助你订立的目标是关于运用手上的余钱做短期和长期的计划和需要。

退休：

这部分的问题帮助你拟定目标来规划退休后的财务状况。

财务计划：

这部分问题帮助你拟定的计划

77

可以确保个人的财务资源及物质财产都能如你所愿地处置。

●收入

1. 请实际地说出你今年、5 年内、10 年内想赚多少钱？你如何加以实现？

2. 除了薪金以外，你如何创造更多收入？打算何时开始？

3. 你如何在今年内使收入加倍？

4. 你如何使收入大大地改善？

5. 有哪些其他财务目标是你希望能达成的？

●储蓄与投资

6. 今年你打算储蓄及投资多少钱？你会从何处开始投资？

7. 每次发工资时你打算存多少钱？

8. 你要存多少钱当做应急基金？何时开始？

9. 你打算每年存多少钱当做孩子的大学教育基金？何时开始实行？

10. 今年你打算预留多少钱做度假或买礼物使用？如何开始实行？

11. 你想拥有哪个公司或企业的股票？你打算何时开始投资？

12. 你如何分配资产以使收入最大、税金最小？

13. 你为自己和家人投保何种寿险？何时开始？

14. 你想为自己投保多少金额，以防受伤失去工作能力时，仍能有所保障？你打算何时做此安排？

15. 你希望自己 10 年后的净资产达到多少？你现在能开始从事哪些投资策略以便达成这个目标？

16. 你能做些什么以降低税金？你如何学习这些方面的知识，比方说参加研讨会？何时开始？

17. 明年内你希望能偿清哪些债务？你会从哪一项开始，以及何时将之偿清？

18. 你能明确地做些什么以减少债务的发生？你应做哪些牺牲以便达成这个目标？

19. 你希望能多了解哪些金融投资策略？如何以及何时开始？

20. 还有哪些其他财务目标是你想达成的？

●退休

21. 你想在什么年纪退休？

22. 你希望退休时资产达到多少？你现在应做些什么以达成这个目标？

23. 你希望退休时每个月能有多少收入？你如何达成这个目标？

24. 你退休时的收入来源有哪些，你希望从这些收入来源中获得多少？

25. 你每个月要储蓄或投资多少钱以便达到你的退休目标？

26. 你如何调整财务状况以确保退休时的收入能跟上通货膨胀的脚步？

27. 你如何能确保你死后，配偶的退休收入无误？何时开始实行？

28. 如果有必要，你退休后打算做什么工作以增加收入？你现在能学些什么让将来的转行更加容易？

29. 退休后你想住在哪里？你要如何了解这个地方？

30. 哪些额外的退休目标是你想达到的？

● 财务计划

31. 你希望你的墓志铭上写些什么：在此长眠的是……从现在开始，你能做些什么，改变什么或消除什么，以无愧于墓碑上所载的文字？

32. 你想要人们记得你什么？你想留下什么遗嘱？

33. 你打算何时立下或修改遗嘱？

34. 你希望谁来管理你的财产？

35. 你想如何分配财产？

36. 如果有一天你的心智或身体残障，你希望针对你的生命做出怎样的决定？你应如何安排才能使家人顺从你的意愿？

37. 你希望自己有怎样的葬礼？你希望家人能做怎样的安排？

38. 如果你很早去世，你希望谁来做你孩子的监护人？你应预先做怎样的安排？

39. 你应在财务上做怎样的安排，以便能支付你或配偶的葬礼？

40. 你死后家人需要多少收入才能维持现在的生活标准？你如何达成这个目标？

41. 你如何将家人所需偿付的遗产税减到最少？

42. 还有其他哪些关于财产目标是你想要达成的？

如何开始实现目标

前面的问题给你的启发大吗？相信你会对那么多问题头疼的，那么先从基础开始，针对每个目标按部就班去做。

你已从你的"幸运之轮"中选出 8 个目标起跑点，现在正是展开行动的时候了。我们在本章一开始就已经知道了，大多数人之所以无法达成他们的生活目标，主要原因在于他们开始就未定下目标。请注意，下一步在制定最基本的目标方面将很重要。

在科罗拉多州的丹佛市，丹尼斯和他的朋友及事业伙伴——麦克·穆里尼斯，他们两人合作发展了一整套的"制定目标"特别计划，名为"目标矿"。他们在美国各地教授此项计划，把它当做一个独立的讲习会课程，也当做丹尼斯的"胜利心理学"电视教学课程的延续课程。教导过数千名讲习会的学生之后，麦克和丹尼斯发觉到，写出一篇关于某项重大目标的自我谈话特别声明，在完成目标的过程中，是很重要的一项步骤。

你可以写下，或自行录下这些声明，每天阅读或聆听几遍，当做你已经达成了这些目标，那么，你将能加速实现目标。你的自我心像将无法分辨事实与生动的想象。这些暗示，如果在轻松的环境中经常重复地提出，将会压倒你以往的习惯方式，而代之以一种新的计划，使你获得成功。

若想掌握你的幸运之轮，在生命之途上前进，并把你的"目标矿"变成"金矿"，你必须采用幸运之轮8个部分的每一部分中所选定的初步目标，并以明确的字句说出这些目标的起跑点。

1. 我的身体目标是什么？比方说把体重降到82.5千克，把肌肉练得结实。何时完成？

2. 我的家庭目标是什么？何时完成？

3. 我的金钱目标是什么？何时完成？

4. 我的职业目标是什么？何时完成？

5. 我的社会服务目标是什么？何时完成？

6. 我的心理目标是什么？何时完成？

7. 我的社交目标是什么？何时完成？

8. 我的精神目标是什么？何时完成？

成功人士在上面8个部分中的每一部分里，同时进行多个目标是十分平常的。有很多高级经理人员以及各行各业的领导人物，每天检讨几份目标卡，并聆听他们这些目标的录音带，他们在每天上下班途中进行这些工作。最有趣的是，这些成功者也正是少见的、最快乐、最能适应环境的人，也是最好的配偶、最好的父母，以及经济上最成功的人。他们知道自己的生活目标，也知道自己正走在正确的路途上。

现在，你在这8项中，每一项都至少有了一个目标，而且这些目标都定得很清楚，并列出要在何时完成。你可以准备一盒"3×5"厘米的小卡片。把每一项目标写在一张卡片上，当做好像一项目标已经完成了……

1. 使用"我"，以及"我的"。

2. 表示现在（例如，我现在的体重、我正在从事，或是我现在赚了等）。

3. 形容动作的副词（轻松地、定期地）。

4. 情感的形容词（热心的、快乐的）。

5. 目标（现在式）。

例句：

身体目标（女性）——"我现在体重45千克，穿上新的泳装后，看来苗条多了。"

身体目标（男性）——"我现在体重65千克，肌肉结实，好像运动员，每天都运动。"

你在"3×5"厘米的卡片上撰写这些"自我谈话"的目标声明时，用词应该微妙而文雅，这可以协助你在撰写目标声明时获得成功。丹尼斯在访问太空人、奥运选手以及从事行为修正的专业心理医师之后，发现了根据下面这些原则可以写出最好的积极性的自我声明：

1. 随时使用个人代名词。像"我"、"我的"这些代名词，可以使你的声明个人化，以便更容易记住与吸收。

效果欠佳："慢跑是很好的运动。"

效果良好："我每天慢跑1 500米。"

2. 用现在式来表现你的谈话声明。用过去或将来的口气写出你的声明，将会冲淡你实现目标所要付出的努力，或者甚至产生反效果。

效果欠佳："总有一天，我要前往夏威夷。"

效果良好："我喜爱毛利岛的海浪和沙滩。"

3. 尽量使你的目标声明保持短而简洁（一个句子大约只要5秒钟）。

效果欠佳："到现在为止，我已存了5 000元，我可能自行创业，希望能够成功。"

效果良好："我投入5 000元后，我的事业资金就够了。"

4. 把你的声明目标带向渴望的方向，而不是逃避你不愿接近的目标。你的思想无法专注于一个念头的反面，如要你企图告诉自己不要再犯同样的错误，那么你的意念反而会加强这个错误。因此，你必须把你目前的主要思想集中于你渴望获得的事物，而不是你不喜欢的。

效果欠佳："我可以把烟戒掉。"

"我将减轻1千克的体重。"

"我不会再迟到了。"

"我不对孩子们大吼大叫。"

"我在足球比赛时不再漏球了。"

效果良好："我现在已能控制一些不良习惯。"

"我目前体重62.5千克，身材修长、结实。"

"每次约会，我都提早到达。"

"我对待孩子充满耐心与爱心。"

"我要好好传球及接球。"

5. 不要使你的声明具有竞争性，不要拿你自己和其他人做比较。

效果欠佳："在团体中，我的行动总会比其他人领先一步。"

效果良好："我要领先整个团体，并把工作做好。"

6. 撰写声明时，要努力改善你目前的现状。不要奢望十全十美。

效果欠佳："我是公司中最佳的销售人员，赚钱最多。"

效果良好："我今年要尽力做好，要比去年增加20％。"

在你正确地把幸运之轮8个项目中的每一项目标都写在卡面上之后，养成习惯，每天把这些卡片带在身上，不管到什么地方去，都不要忘了带这些卡片。每天早晨，在你展开一天的日常工作之前，先把它们念一遍，在白天时，抽空把它们多看几遍，晚上睡觉之前再念一遍。幻想你自己已经达成每一项目标，允许你自己去实际感觉你已有了优良表现的这份荣耀。如果可能的话，如同在"创造力"那章中所建议的：用自己的声音，把这些目标的声明录下来。

BOXIA CHENGGONG DE ZHONGZI

输入成功的程序

俄罗斯、德国以及保加利亚利用暗示性学习方法来训练奥运选手，使他们在奥运会中获得优良表现。这些国家命令一名选手聆听古典音乐，同时把这位选手自己录好的一段目标录音轻声播出。这位选手很愉快地把注意力集中在古典音乐上，而目标录音则成为一种背景声音。不过，录音带上的目标必须能清晰地听出来。

缓慢的古典音乐节奏能使头脑处于轻松的状态，使它能够极其容易地接受听觉和视觉暗示，加强头脑左半部的控制力量，使右脑能对目标做肯定的反应。由于右脑保持了我们对自己所产生的大部分消极与潜意识的感觉，因此，我们不断重复说出目标声明，可能将会真正地改变对自己的看法，并因此改变了生活的方向。

不要让这种证实与刺激的技巧使你产生这种错误的观念：我们是在替自己洗脑，或是正在欺骗自己，现在所做的建议则是洗脑或是欺骗自己。正好完全相反，事实上，在此之前，我们很不聪明地被人洗脑及欺骗，每天都如此，日夜都是——我们每天所看的电视节目，所阅读的杂志，产生的每一种情绪化与戏剧化的概念。你会发觉，人们总是对消极的信息感兴趣，把注意力集中在消极的一面。我们现在不正是应该把注意力集中在为

成功而设计的资料上，而不是集中在为失败而设计的资料上吗？我们现在不是应该停止用无聊的电视剧来洗我们的头脑，改为用目标来指引我们的思想吗？

经过设计之后，我们的头脑就会自动寻找目标。成功人士都有一些计划与目标，而且十分明确，并且不断地提及。他们知道自己每天、每个月以及每一年所要努力的目标和一些生活状况。他们知道达成目标的行为和仅仅只能解除紧张情绪的活动之间有何差别。

目标是供给我们生活力量的引擎，每个人都有目标。对某些人来说，他们的目标就是填饱肚子；对另一些人而言，就是如何度过这一天；对大多数人而言，他们的目标就是如何挨到星期五，然后在周末狂欢一番；对你我而言，我们的共同目标就是获得个人的成长，对社会有所贡献，创造性地表达、充满爱心的关系以及达到精神上的和谐，这些目标将使我们成为杰出人物。说得更为明确一点，写在纸上的目标，就是使我们达成目标的工具。由于人类的头脑就是一部生理电脑，因此它急需明确的指示与指导。大多数人之所以无法实现目标，主要的原因在于他们并未明确地定出目标，或学习与目标有关的资料，他们甚至从来未曾认真地考虑过这些目标是值得信赖或可以实现的。

当其他人还只是台下的观众时，

你我将可掌握自己的幸运之轮，并且发号施令，指挥一切。我们可以告诉其他人，我们将前往何处，将要费时多久，我们为什么要向那个目标前进，我们计划在途中采取什么行动，谁将与我们一起前进。你我都能过着属于我们自己的生活——有目标的生活。

达到目标的 10 个步骤

1. 先制定通往长程目标中的一些短程目标。制定 1 个月、6 个月或一年的目标，要比制定长期目标更有效果。一定的期限比较容易控制。

2. 订下你目前无法达到的目标，但不要超出你的能力太多。以自然增加的方式来获得逐步的成就，这是极重要的。订下较低的目标——很容易完成的目标——万一你偏离目标时也比较容易修正回来。在一步步完成各项目标后，也能建立起你的信心。

3. 在你身边安排对同一目标有兴趣的人士，使你可以获得他人的帮助。还有，和专家讨论你的目标，向那些已获得重大成就的人请教。

4. 事先想好一个奖品或纪念仪式，那么，你在完成你的每一项成就之后，就可以有庆祝的东西了。这种奖品可能是一次旅行，一次家庭聚会和某些特别的休闲活动，一件新衣服或个性化的物品等。

5. 试着以不同的方式来纪念新年。把你今年的目标放在一个信封

内。鼓励你的家人也采取相同的做法。在除夕夜或新年当天，把这些信封全部打开，看看你们是否实现一年前所定下的目标。这是结束一年岁月的一种极妙的做法。然后，再定下你新的年度的目标。

6. 在你书桌上或公文包内的月历上，写下你下个月的目标。你打算干什么，你将到哪儿去，你将和什么人联络。

7. 利用放在口袋中或书桌上的周历，订好你下周的活动日程，使你能够逐步接近你每个月或一年的目标。

8. 利用一张"8×11"厘米的纸片，写下最重要的目标——你每天必须优先处理的工作。每天上床睡觉之前，写下你明天必须完成的工作。每天展开工作之前，先检验一下这张纸条，然后再去从事你一天内的第一项工作。把已经完成的每项工作一一划掉，尚未完成的则移到第二天的日程表内。

9. 不要和消极或疑心重的人共同分享你的目标，应和真正关心你以及希望帮助你的人共享，一定要接受胜利者的忠告。记住，悲哀总喜欢找人作伴。有些人就是喜欢别人和他们一起待在失败的深渊里。

10. 不要依赖政府为你提供长期的金钱保障。每个月存一点钱到你的银行账户中，就像是付房子的分期付款一样，以备将来不时之需。你自己就是最佳的金钱保障。

第六章　沟通的种子

> 我们原本是擦肩而过的陌生人，但彼此伸出手来握住，便不再漠不相干了。我们冷淡是因为害怕被拒绝，其实我们容易相互了解，也容易相处。
>
> 成功的沟通者都知道，我们所有人所看到的和所听到的皆不相同。由于我们付出什么给对方，就会获得对方同样的回报，因此，我们最好使自己发出简单、建设性及支持性的构想。如果我们希望受到别人的喜爱，就必须以积极、"可爱"的语言同对方进行沟通。

个人的成功离不开他人的配合与支持，你也不可能想像一个人在完全没有他人的协助下能够获得成功。获得他人的帮助与支持程度的关键因素在于你与别人的沟通能力。

图书馆和书店里有很多关于沟通的书籍和资料，讲的都是如何进行沟通的问题，其中有两项最为重要，那就是同情和爱情（广义的）。

当换一个角度

有位女士在圣诞节期间，带着她5岁的儿子在一家大百货公司购物。她想，她的儿子看到这家百货公司的装饰、橱窗展示品以及圣诞玩具之后，一定会十分高兴。但是她拖着儿子的手，走得很快，使得他那双小腿几乎跟不上，于是，他开始大哭大闹，紧紧抓住她的外衣。"老天爷，你到底怎么了？"她很不耐烦地斥责，"我带你来，是要让你分享一下圣诞节的气氛。圣诞老人不会把玩具送给那些又哭又闹的孩子。"

儿子还是吵闹不休，她则忙着抢购圣诞节前最后一分钟廉价大抛售的商品。"如果你不马上停止吵闹，我以后永远不会再带你出来买东西了。"她警告说，"哦！对了，可能是因为你的鞋带松了，所以被鞋带绊住了。"她说完，就在台阶上蹲下来，替她的儿子绑鞋带。

就在她蹲下时，她不经意间抬头看了一看，这也是她第一次透过她的5岁大的儿子的眼睛来看一家大百货公司。从那个角度望上去，看不到美丽的商品、珠宝饰物、礼物、装饰美丽的柜台或是玩具，所能看到的全都是迷宫似的走道，根本看不到上面的东西，到处都是来往如梭的长腿和背影。这些像大山似的陌生人，双脚有如溜冰板，他们推来挤去，又抢又夺，又奔又跑。这种情形不仅不好玩，简直可怕极了！她立即决定把她的小孩子带回家，并对自己发誓说，她绝对不会再把她认为的好印象强行加在儿子身上。

在他们走出百货公司途中，这位做母亲的注意到，有位圣诞老人坐在一个装饰得有如北极的亭子里。她想，如果能让她的小男孩亲自与圣诞老人见面，将会使他忘掉方才在百货公司里那可怕的一幕，而让他记得这次的圣诞采购是一次愉快——而非不愉快——的经历。

"去和其他的小孩子一起排队，等一会儿坐到圣诞老人的膝上，"她这样哄着他，"告诉他，你希望得到什么圣诞礼物，你在讲话时要面带笑容，如此，我才能替你拍照，装入我们家的照片簿中。"

虽然已经有一个圣诞老人站在百货公司大门口外面摇着铃，另外还有一个圣诞老人在购物中心内，但这位做母亲的还是把她的小儿子推向前，要他和这个"真正的"圣诞老人做一番愉快的交谈。

这位怪模怪样的男子戴着假胡须和眼镜，身穿红色外衣，外衣下面还塞了一个枕头，他把这个小男孩抱在膝上，哈哈大笑几声（他似乎认为，圣诞老人一定要这样做），然后用手指轻触小男孩的肋骨，向他搔痒。

"你想要什么圣诞礼物呢？孩子。"

"我想要下来。"这位小男孩轻声回答说。

对这位小男孩来说，这个圣诞老人只是个陌生人。他在前面已经看到了两个圣诞老人，但他的母亲却要他坐到这个"真正的"圣诞老人的膝盖上。对一个5岁大的小男孩来说，在一间挤满了焦虑的成年人的百货公司里，进行最后一分钟的抢购，绝对不是一件好玩的事。这位做母亲的，由于她曾经蹲下来替儿子绑鞋带，并且目睹了他在面对一个陌生的圣诞老人时所表现的不安，使她得到了很难得的同情经验——我们之中只有很少数的人能够与我们最关心的对象分享这种经验。

丹尼斯在每一次研讨会上都会讲这个故事，这给参加讨论会的所有人士一个重大的启示，他们全都陷入了沉思，思考他们和其他人的沟通方式。于是，丹尼斯在结束研讨会之前，会发给每个人一张书笺，上面印有古代苏族印第安人的祈祷词。这个祈祷词是这样的："哦，伟大的神呀，在我批评他人或下判断之前，请赐给我体谅他人心情的智慧。"

播下成功的种子

丹尼斯在演讲完毕之后，会进行小组讨论。讨论中，那些人一致同意，在发表意见之前，最重要的沟通问题就是"体谅他人的心情"。同情就是沟通的要件。同情就是和其他人同时分享一种感觉，而且不只是同情或替某人"感觉"就够了，甚至应该试着去了解另一个人的观点，把你自己当做那个人。同情的真正意义就是：当你看到一位马拉松选手跑到 20 千米的距离时，你会感觉自己的脚发疼；当你在观看《洛奇》影片时，在片中第十五回合拳赛之后，你再也无力举起手臂。

每场研讨会结束时，所有参加者的情绪都十分高昂，大多数参加者在离开会场时，会觉得他们在自己个人生活或事业圈内都可以跟洛奇一样得到冠军。但这些对丹尼斯产生了另一种影响——在其中一场研讨会过后的回家的路上，他漫步在昏暗的夜色中，思考他曾反复讲过的这个故事。高大的仙人掌树，像是沉默不语的陌生人，把无言的影子投射在沙地上。他漫步在这些仙人掌之间，心中想到，不知道家人或朋友之中是否有人认为他冷漠无情而且不易亲近，就像这些仙人掌一样。

丹尼斯突然间想知道自己有多少同情心。他问自己几个问题，并试着想去回答。

"如果我是我的孩子，我可会喜欢像我这样的父亲？如果我是我的妻子，我是否会喜欢嫁给像我这样的男人？如果我是我的员工，我是否愿意像我这样的一个人来当我的经理？"这些都是很难回答的问题。

"我是否只是在口头上说说我要做一名很好的沟通者？"丹尼斯这样问自己，"我是否不重视我和他人的关系，或者真正想知道在我生命中其他人的感觉、需求、希望以及他们在说些什么？"

丹尼斯无法对上面所有的问题都诚实地做出肯定的回答。但他知道，他可以改善自己对其他人的感觉，设身处地为他们设想。在回家途中，他下定决心要打开自己脑中的"接收器"，更加真心地去聆听别人想说些什么。

收听他们的波长

想要开始练习同情他人，最好的方法就是扩大心胸，勇敢地接受他人的需求与意见。成功人士重视相对的意见，而不会重视绝对的意见。同情他人，首先就要明白，地球上的每一个人都有相对的权利去满足他（她）的生活潜力。大家都知道，肤色、出生地、政治信仰、性别、经济情况以及智力并不能决定一个人的价值。前往沟通的道路就是接受此一事实：每个人都是与众不同的——这是很好的。世界上没有两个完全相同的人，即使是双胞胎。

我们的指纹、脚趾纹都是独一无二的，甚至连"声纹"也找不到两个相同的。"美国电报与电话公司（AT&T）"知道我们每个人谈话声波是独一无二的，跟别人绝对不同，因此，该公司正在发展一种"声纹"系统，利用电子仪器，根据我们的声音，迅速而正确地辨别身份。你只要向着商店柜台或银行窗口的一只麦克风报出姓名，你自己的"声纹"频率将会和存放在中央电脑的"声纹"档案资料进行比较。这种系统将可免去支票或信用卡被窃后产生的问题，因为即使是世界上最好的模仿专家也无法仿造另一个人的声波。

不但我们说话的频率彼此互不相同，甚至连思想的频率也各不相同。我们经常听到人们说："我们的波长并不相同。"许多世纪以来，人们不断尝试要彼此处于相同的波长。在家庭、社会与国际生活中，存在着如此多的不和谐，这是没有什么值得奇怪的，因为每个人通过不同的耳膜去听声音，透过不同的眼膜去看东西，经由不同的头脑去理解事情。你所做的决定，就是脑中一套独一无二的电脑阅读系统所造成的结果。

同情就是要了解此一事实：一群人在下班后搭乘同一辆巴士回家，在经过市区时，他们将以彼此完全不同的观点看街景。其中一位所看到的是倒塌、毁坏的建筑物；一位却认为这是开发计划中的理想的地点；另外一位则埋首于思考自己的问题，所以，他什么也没看见；还有位小姐，忙于阅读一本科技书，她对窗外的一切不闻不问。

个人能看见什么无关紧要，最重要的是，我们要试着以他人的眼光来看他们的世界而不是以我们的眼光来看他们的世界。要做到这一点，有一个方法：找出其他人身上的优点，不管他们的外表、生活方式以及信仰与我们有什么显著的不同。在寻找他人优点的过程中，你等于以爱心和他人进行沟通。爱就是我们最需要的（并不局限于男女之爱）。

情书就是简单表达情感的信。丹尼斯曾写过一封情书，很透彻地解释了爱的真义——

把"爱"当做动词，最基本的一项定义就是"重视"。爱应该是动词，而不是名词或副词。爱是一种活动的情感，而不是静止的。爱是我们生活中一种很特殊的经验：要想保住它，最好的方法是把它施舍给别人。爱就是珍视与寻找他人优点的一种行为。

L：就是听（Listen）。爱他，就是要无条件、无偏见地倾听他的需求。

O：就是宽恕（Overlook）。爱他，就是宽恕他的缺点与错误，并找出他的优点与好处。

V：就是声音（Voice）。爱他，就是要经常表示你支持他。真诚的

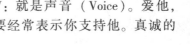

鼓励、爱怜的"轻抚"与称赞，是没有其他代替品的。

E：就是努力（Effort）。爱他，就是不断地努力，花费更多的时间，做某种牺牲，甚至多走远路，以显示你对他的兴趣。

在前面讨论自尊的那一章中，我们已谈到，你必须先爱自己，然后才能把爱施舍给其他人。爱是独立的，而且是以我们和其他人的分享能力为基础，并且基于独立性的选择，而不是出于依赖性的需求。真正的爱，就是由两个具有维持本身生活能力的个人所组成的一种联系。只有独立的人才能自由选择一种关系。不独立的人，他们都是因为有所需求，才会决定连续维持某种关系。

行动胜过千言万语

真正成功的人，都是懂得爱并拥有爱的人，没有爱就没有真正意义的成功。丹尼斯曾讲述过一个有关他自己的故事——

我爱我的妻子。我喜欢见到她，以及和她在一起，但我并不依赖她。她也爱我，而且，我知道她并不需要我来保护她的安全。在我们认识之前，她就已经独立自主，现在也同样独立自主。我们是两个独立的个人，彼此分享我们的价值，互相照顾。

当我跟她在一起时，时间就像一个小偷，迅速偷走了宝贵的时刻；当我们分开时，时间过得极其缓慢，就好像是广阔的沙漠，一望无际。最重要的是，我的妻子就像是一朵珍贵的花：当她未受到重视时她就会慢慢地枯萎；当她受到照顾与滋润时，就会开得艳丽又芬芳。

我喜欢抚摸我的妻子，我也喜欢抚摸我的孩子并拥抱他们。这看来可能有点好笑，因为他们的年龄从11岁到26岁不等。我们有4个美丽的女儿，在中间的是两个儿子（他们的块头都比我大）。我希望我永远保有爱抚我家人的这种习惯。我在养育孩子方面，当然也犯了一些错误，但在爱心方面，我应该得到很高的分数。

在我一生当中，我阅读过很多关于爱的书籍，包括爱的艺术与爱的能力。我认为其中最好的一句话就是"轻轻一抚，胜过千言万语"。我记忆中最温暖的一幕是：一对夫妻庆祝他们的金婚纪念，他们在桌子底下紧握着手，男女侍者围在他们的四周，高唱"祝你们金婚快乐！"

对于如何和你所真正关心的人保持联络与接触，并没有什么固定的规则。不过，这儿有一些做法，一直对我极有价值。

每天早晨一开始的那段时间，应该用来从事令双方感到满意的行动与言语。我在每天早晨对苏珊所说的最初两句话就是："早安，我爱你。"

在一天工作结束之后，夫妻或家人再度见面时，把最初的几分钟完全用来向对方问好。绝对不要一见面就急着询问对方，或抱怨不休。不要忘记和对方做身体接触。回到家里，要立即放松心情。不妨让你的配偶惊喜一下：送给他（她）一张卡片、一件纪念品，或是我和我太太所谓的一件"幸福"。假装你们仍在约会，时时盼望与你所爱的人会面。如果你真心盼望被人所爱，那么，你一定要先使自己可爱起来。世上并没有要求而来的爱情，更没有这回事："你在10年前答应我，你将永远爱我。"爱是需要每天互相交换关怀与重视的。

每天晚上我所说的最后一句话就是："晚安，我爱你。"

没有任何方式能像身体的接触这样清晰地传达爱与关怀，因此不要吝惜使用你的触觉。

记住：轻轻一抚，胜过千言万语。

爱抚是制造亲密气氛的魔棒。爱就是保持接触。

推人及己，推己及人

这同样是丹尼斯自身的深刻体验，这是他从与自己孩子的沟通中，学到的——

亲密、爱抚、沟通，这一切全都需要时间。我和孩子所共同度过的最宝贵时刻，就是他们晚上入睡前的那段时间。正常的家庭晚上都

有很多活动，像是吃晚餐、聊天、玩电玩、记账、家庭会议、看电视、打电话、客人来访、朋友上门、照顾家里的小动物等，这些还只是众多的家庭活动中的一部分而已。难怪一般做父母的，平均每周和每个小孩，一对一单独相处（这时候，每个人都最能接受对方）的时间不到7分钟。小孩看电视的时间，多过他们和父母沟通及请教功课的时间。我们和孩子的关系，已被称做"每周7分钟病症"。

几年以前，在我从事一次演说的旅行途中，我的太太和我讨论到，我们必须花更多的时间来陪伴孩子。并且我们同意，每个月除了举行全体家庭会议之外，还必须和每一个孩子做个别的接触。我们每个月带他们到一家不同种族的餐馆进晚餐，让他们获得不同的文化体验。我们两个都很了解需要多陪陪孩子，听听他们说些什么。孩子并不需要我们提供更多的忠告或建议，他们当然不需要参加由父亲主持的"胜利心理学"的研讨会，他们每个人都能背出研讨会的内容。在我们从纽约搭机回家的途中，我太太写了一首诗，提醒我们如何和孩子沟通。飞机降落在圣地亚哥之前，我对这首诗做了最后的润饰，全诗如下：

抽出一分钟来倾听

今天抽出一分钟来倾听，

听听孩子想说些什么；

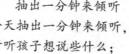

不管你有什么事，今天一定要倾听，

否则他们就不会听我们说些什么。

听听他们的问题，听听他们的需求，

赞扬他们极微的胜利，赞扬他们极微的善行；

容忍他们的喋喋不休，扩大他们的笑声，

找出问题在哪里，找出他们在追求什么。

但一定要告诉他们，但一定要拥抱他们，

告诉他们："没有关系，明天前途一片光明！"

今天抽出一分钟来倾听，

听听你的孩子想说些什么。

不管你有什么事，今天一定要倾听，

他们将会来听听你要说什么。

这首诗揭示的真理与原则，是我受尽苦难学到的。我一向不是一位耐心的听者。我一直未能抽出足够的时间来听听孩子们所说的话，并根据对他们有利的观点去体验他们的世界。在我的孩子还很小的时候，我忙着要爬上成功的最高峰。那时候我尚不知道成功的真正意义是什么。

我一直只以"半个耳朵"去听我的孩子说话，我脑中只想到我自己的事业与目标，表面上却装得全神贯注。结果我什么人也没骗到，却骗了我自己。我还有个坏习惯：在和孩子、妻子沟通时，我常常会大耍"你能胜过我吗"这套把戏。

每一次，当他们告诉我他们的生活圈子所发生的一些真正有趣的事情，或是他们朋友的父亲做了什么事情时，他们尚未把话说完，我就迫不及待地说出我自己的奇妙经历，企图胜过他们。有时候，当我的孩子或妻子承认他们做了一些傻事，或犯了某项错误，我就会立即答上一句"我早就警告过你了"。他们向我承认了弱点，我却因此而嘲笑他们，这使得他们以后再也不敢轻易开口了。

今天，我再也不玩"你能胜过我吗"这套把戏了，这套把戏并不适用于家人或亲朋好友。然而，我们每天在全世界各个办公机构内，却到处可听到这种说话态度。从许多方面来说，我们成年生活中的沟通方式，就是我们小时候所接受教导的结果。我们具有沟通能力，或是缺乏这种能力，完全是家庭环境造成的，而且从我们婴儿时期就已开始。我们的父母不是用爱来滋养我们，就是把他们的问题遗留给我们。

自内而外沟通

不管我们如何以"你能胜过我吗"这种沟通游戏来掩饰或隐瞒真正的感受，我们都没有办法骗得了任何人。不管我们如何努力，企图在外表上表现出信心，我们仍然会把内心对自己的真正感觉表现在外表上。例如，当我们身体感觉不舒服时，皮肤或表面上看起来就不会很正常，同样地，当我们心理上或情绪上不愉快时，也无法在精神上、穿着上以及谈话上，给人良好的印象。

要达到良好的沟通，第一步就是要培养良好的仪态。这是我们争取重要的人物注意我们存在最好的一种方式，就如同在书架上的几千本书中，如何使一本好书把它的内在价值表现出来一样。

作为一名沟通者，当你在和一个陌生人打交道时，总是先把手伸给对方，请求对方和我们握手，因为我们已经知道，这是向他人表示尊敬的一种方式。除了用力握手之外，我们还要直视对方，同时面带热情、开朗的微笑，借以显示我们从事这种沟通的强烈兴趣。在会见一个陌生人时，我们总是会先自动提出我们的姓名，并在我们的姓名之前，加上一句"早安"、"午安"或"您好"。这些行为也可用在电话交谈上。

在经过自我介绍之后，我们就应该成为一个积极的聆听者，耐心聆听，并且替对方设身处地着想。我们都知道，听者可以学到很多东西，说话者却只是付出，而毫无收获。

我们盼望结交新朋友，友善地与陌生人谈话。我们向某些人说话，或听他们说话时，都会看着他们。

我们既开放又仔细地聆听，即使我们可能并不同意他们的谈话。

我们平等地对待他人，这不是沉闷又无知的谈话，因为，他们的内容也自有一套道理。

我们不会咄咄逼人地追问，以便能了解他们。

我们容易了解，而且容易相处。我们并不期望其他人会对我们所说的话产生反应，我们也不想尝试去探讨他（她）脑中究竟在想什么。

我们在面对陌生人时充满自信，因为我们了解，不管其他人表面上多么镇定，但几乎每一个人都急于会晤新人，以争取友谊或个人的发展，我们也知道，几乎每个人内心中都存在着少许害怕被人拒绝的恐惧感。

当你我面对一个可能成为朋友的陌生人、一个可能将来和你做生意的人，或是我们自己的家人时，我们的态度是服务的，而不是自私的。我们关心其他人，不是我们自己。当我们在内心深处对其他人而并不只是对我们自己产生兴趣时，他们将会感觉出来。他们也许无法用言语说出他们为何有此能力，但他们确实有这种能力。相反地，当人们和那些只在脑中想到自己利益的人交谈时，他们就会产生不舒服的感觉。这就是所谓的非言辞沟通："你虽然说得如此大声，但我却听不懂你在说些什么。"

你的舌头能够说谎，但你的身

体却凭直觉和潜意识而行动，绝对骗不了人。我们已在第二章中学会了：我们头脑的左半部是执行沟通的言语过程，右半部则观察面部表情、身体语言、声音变化以及其他的潜意识的"感觉"。人们在不知不觉中把他们的意识和感觉像打电报似地发送出去，他们自己甚至也不知道。因此，你我都是在聆听及观看"完整的人"。

成功的沟通者都知道，我们所有人所看到的和所听到的皆不相同。我们付出什么给对方，就会获得对方同样的回报，因此，我们最好使自己发出简单、建设性及支持性的构想。如果我们希望受到别人的喜爱，就必须以积极、"可爱"的语言进行沟通。

下面列出的一些词句，都是你在每天的交谈中，应该去除或加入的。请把第一部分的词句删除，把第二部分加入你的词汇中：

1. 应该遗忘的：

我办不到

我试试看

我不得不这样

我早就如此

有一天

如果

是的，但是

问题

困难

压力

担心

不可能的

我，我的恨

2. 应该记住的：

我办得到

我将这样做

我希望这样做

我会这样做

我的目标

今天

下一次

我了解

机会

挑战

动力

兴趣

可能的

你，你的爱

告别绝望

在丹尼斯所认识的男士当中，最具建设性、最可爱的一位就是乔·索伦堤诺先生。他们是同时以演讲者的身份参加一项生产力计划研讨会之后，在一家旅馆的咖啡座中见面的。乔是第一位演讲者，丹尼斯是最后一位。丹尼斯认为乔讲得十分精彩，令他无法赶上，因为乔的演讲是直接发自灵魂深处的。

乔本不是如此杰出的演讲者——从他早期的纪录看来，绝无这种可能。事实上，从他最早10年的生活状况看来，也不可能在"美国名人录"中找到他。

他是纽约布鲁克林区一名卫生工人的儿子，小时候生活环境极差：要想在当地的街上行走，最安全的时间是一年一度的警察大游行经过时——而且你还要尽量在队伍中行进。他10多岁时就成了不良少年帮派的头儿，在感化院中待了很长的一段时间。为了改邪归正，重新做人，他加入了陆战队，结果还是失败，最后被送到巴黎斯岛的管训中心，并被勒令退役。

当丹尼斯和乔谈到他一生的事迹时，一直忍不住猜想，他最后是怎样改变这种悲惨生活的，他的四周和家庭绝对不是培养自尊的理想环境。他的父亲向他灌输了一项理论："小孩将来自己会变好或变坏——这完全取决于他们内心的构造。"乔又说，他除了担心自己是不是"天生的失败者"之外（这是受到他父亲的影响），他还必须克服其他的困难。他父亲老是拿他和他的哥哥比较："你哥哥绝不会惹麻烦"，他父亲也常常这样说："我根本用不着对他大吼大叫"。从这些早期的生活资料以及来自同辈的环境压力，你可以看得出来，乔完全未被赋予"成功的种子"。

令人惊讶的是，尽管在乔的早期生活中，被种植了如此多的"野草"，但乔·索伦堤诺最后却成为众所周知的一位最成功、最仁慈的人。而乔之所以能获得成功，最重要的是他觉得他的父母对他的生活产生

了积极的影响。他清楚地记得，当年遭遇挫折而日夜痛苦的岁月中，他的父母所表现的谅解与爱心。同时他也清楚地记得"一位充满爱心的教师、一位仁慈的教士以及一位保龄球馆老板"对他的影响。

乔·索伦堤诺在他所著的几本作品中，详细叙述了他如何从失败者成长为胜利者。他的著作之一《从绝望中奋斗》，曾经获得"美国图书馆协会"杰出著作奖。在他近期的一本作品《钢筋摇篮》里，乔·索伦堤诺指出他的生活之所以会发生改变，要归功于在他一生当中对他特别照顾的一些人：

"长期以来，我一直是个无可救药的学生，直到我遇见了我的7年级老师罗森小姐之后，方才改变了一切。由于她的关怀与信任，我发奋学习，使我在初中时获得了最高的平均分数。但很遗憾的是，升入高中后，同辈的压力破坏了我内心的平衡，使我又恢复到以前那种破坏性的街头生活——每周打架滋事，在高中一年级学期结束时，我终于被学校开除了。但是，后来我在20岁那年回到高中夜校上课，我脑中立即想起了罗森小姐，以及她以前在我心田里培育的求学种子。"

乔·索伦堤诺年轻时虽然荒唐不堪，但是他后来终于了解：唯一的生存机会就是接受教育，因而戏剧性地改变了他的一生。高中毕业后，他进入加州大学就读，以最优

第六章 沟通的种子

秀的成绩毕业。为了洗刷他以前不良的服役纪录,他再度加入陆战队,成为美国历史上被迫退役之后再度光荣退役的第一人。

1967年,乔·索伦堤诺以最优秀的学生领袖毕业于哈佛法律研究所。今天,他是洛杉矶少年法庭一名杰出的法官,在南加州大学教授法律。他也是美国最受欢迎的演说家,主讲自修,以及如何克服目前的美国社会病态。

乔·索伦堤诺从罗森小姐以及其他人那儿学到了改变命运的勇气和鼓励。现在,他已把生命奉献给家人,以及那些每年走进法庭,希望在黑暗中找到一丝光明的几百名不良少年。

交流的力量

一对一沟通具有很大的力量,这方面的例子到处可见。

著名歌星法兰克·辛那屈从他的乐队指挥汤米·多西那儿学会了如何在演唱中控制呼吸。海伦·凯勒因为受到安妮·苏里曼的影响,而终成大器。柏拉图向苏格拉底学习。欧文认为,他自己能在1936年奥运会中赢得跳远金牌,应归功于他的德国对手鲁兹·隆格给他的灵感——在比赛进行当中,欧文两度在起跳时失败,隆格反而建议欧文如何改正起跳点。结果使欧文一跳跳出8米多的新纪录,而且这项纪录一连保持了20多年之久。

艺术家经常通过观摩其他艺术家的作品,而得到启示,他们在这方面所学习到的,远胜过他们上课或观察大自然的所得。

我们都可以做杰出的艺术家,我们有机会把新的色彩、绘画及观念贡献给那些正在为油墨、画笔及画布挣扎奋斗的其他艺术家。你可以回想一下那些对你最有影响力的人,你将会发现,他们就是那些真心关心你的人——你的父母、某位好老师、某位商业伙伴、一位好朋友——使你产生兴趣的某个人。你能对他产生任何重大影响力的人,也将是你所真心关切的人。当你跟你所关心的人在一起时,彼此的利益——不是你自己的利益将在你的脑中占最重要的地位。

我们是否能成功地与他人相处,以及和他们做有效的沟通,完全决定于我们是否有能力看出他们的需求以及协助他们满足这些需求。某些人企图把想法强行加在其他人身上,我们则使用灯光来指引他们应走的道路。

可还记得《伊索寓言》中的那段小故事?

风和太阳争论谁比较强。风说:"你看到下面那个老人了吗?我可以比你更快地让他把外衣脱下来。"

太阳同意躲到云后面去,让风吹一阵狂风。但是,风越是吹得厉害,这位老人越是紧紧把外衣裹在身上。

然后，风只好认输了。太阳从云后面出来，对着老人露出愉快的笑容。没过多久，这位老人汗水直流，很快把外衣脱了下来。太阳成功地使老人脱去外衣的秘诀是：温暖、友善，以及轻轻的爱抚，通常胜过暴力与强迫。

与人沟通的 10 个步骤

1. 与人沟通永远不嫌迟。不要因为害怕对方可能有的反应，以致迟迟不敢沟通。记住著名的帕金森定律："因为未能沟通而造成的真空，将很快充满谣言、误解、废话与毒药。"

2. 在沟通过程中，知识并不一定永远是智慧；仁慈并不一定永远是正确；同情并不一定永远是了解。

3. 负起沟通的全部责任。作为聆听者，你要负起全部的责任，听听其他人要说些什么。作为说话者，你更要负起全部责任，以确定他们能够了解你在说些什么。绝对不能用一半的心意来对待与你有关系的人，一定要 100% 地诚心。

4. 从其他人的观点来看看你自己。把自己幻想成你的父母，幻想成你的配偶，幻想成你的经理或是你的员工。当你进入房间或办公室时，你想，其他人会对你产生什么印象？为什么？

5. 听取真理，说出真理。不要让那些不正确的闲言闲语使你成为贪婪的受害者之一。当你看到或听到某件令你印象深刻的事情之后，要立即查证这个消息来源的可靠性。不要光是听那些你喜欢听的事情，多听听事实。记住，你向外沟通的都是你的意见，也都是你根据有限资料来源所得到的印象。你要不停地从可靠的权威来源那儿扩大你的资料库。

6. 对于你所听到的每件事情，都要以开放的心情态度加以查证。要有开阔的心胸，不存偏见，要有充分的分析能力，对其真相进行研究与试验。

7. 对每一个问题，都要考虑到它的积极与消极面，追求积极的一面。

8. 检讨一下你自己，看看是否能够轻易及正确地改变你的"角色"。从严肃的生意人，变成彬彬有礼的驾驶员、父母、朋友，变成知己、情人或是老师。

9. 暂时退出你的生活圈子，去帮助别人。考虑一下，究竟是哪种人吸引你的注意力，以及你吸引什么样的人注意，他们是不是属于同一类型？你是否能吸引胜利者？今天就对你心爱的人伸手轻抚，在明天，以及你今后一生中的每一天，都要这样做。有一朵花儿等着你去滋润，还有一位乔·索伦堤诺站在黑暗中等待你去援助。

10. 多结交其他领域的朋友，因为不同行业的人更容易借鉴彼此的经验和知识。

第七章　信心的种子

> 信心的力量惊人，它足以改变恶劣的现状，造成令人难以相信的圆满结果。充满信心的人是永远不会被击倒的，他们是人生的胜利者。
>
> 信心若被当做积极的力量，它就是实现我们希望的一种保证。世界上没有"缺乏信心"或"没有信心"这回事，有的只是信心被它相反的信仰——绝望——所取代了。

西方的一位圣贤谈到信心与信仰时，曾经说过："照你的方式行事，你信仰什么，就会得到什么。"

这种简单的声明就像一把剑的两刃，对每个人来说，信心是开启成功之门的钥匙，但同时它也是一把锁，可以锁住或监禁任何人，使他永远无法获得成功。

荷姆斯博士一生贡献于教授此一伟大的真理，他以另一种方式来解释："信心是每个人拥有的力量，但只有少数人知道去利用这股力量。每个人所拥有的这股力量全部相同，不会有人的力量大，或是比别人的小。每个人都拥有它。因此，问题并不在于我们是否有此力量，而是我们是否能正确地运用这股力量！"

信心若被当做积极的力量，它就是实现我们希望的一种保证；若被当做消极的力量，就会成为我们内心深处的恐惧，以及无法预见的黑暗之光。世界上没有"缺乏信心"或"没有信心"这回事。有的只是信心被它相反的信仰——绝望（这也是一种信心）——所取代了。

信心是成功的住处

从古到今，人们已经写过很多关于"自我满足"的预言了。日本学者早川先生认为这种"自我满足"的预言，是一种既不真实，也不虚伪的声明，如果信仰它，就会成为真实。我们在前面讨论创造力与想象力时，已经获悉，人类的头脑无法分辨真实事物与生动的想象物。因此，信心与信仰的概念才显得如此重要。

生活就是一种自我满足的预言：你不一定要得到生活中所需要的，

但到最后，你通常总能得到你所期望的东西。

根据过去几年中对头脑的研究结果显示，科学和宗教在某种意义上有很密切的关系。虽然我们尚需多加努力才能更加了解头脑与中枢神经系统的功能，但我们已经知道头脑与身体——思想与肉体之间密切的关系。由于头脑思想与关心的结果，我们的身体必然会对思想产生明确的反应。你脑中想些什么，身体就会以某种方式表现出来。

例如，当恐惧与关心转变为焦虑时，我们就会承受到挫折的痛苦。这些痛苦会刺激体内的内分泌系统，产生荷尔蒙与抗体，我们的天然免疫系统就会降低活动，抵抗力也会降低，结果，我们就变得缺乏抵抗力，难以抵抗外界的病菌、病毒以及其他环境中存在的危险。

佛古森女士在她那本立论正确的著作《水族馆阴谋》中，叙述了头脑直接指挥或间接影响身体的每一种功能：心跳速度、免疫反应、荷尔蒙分泌等都是。她说，头脑的机械作用和每一个警告系统联结起来。有一种看法认为，胃溃疡并不是你吃什么，而是你吃的东西正在吃你的胃；有证据显示某些哮喘是精神性的，和由溺爱的父母所引起的那种窒息的亲密关系有密切联系，而不是肇因于外界的病原体；另有一些病例显示，有些病人看到秋麒麟草的图片，或是手捧一朵塑胶玫瑰，竟然也会引起花粉热或哮喘。

佛古森女士接着指出，当我们描述感觉时，可能已经不知不觉地预测出他们的将来。例如，如果我们觉得"很烦"，或觉得某人在我们"后头"絮絮不休，那么，我们最后可能真的会生粉刺，或发生头部痉挛。强烈的情绪和我们所谓的"心碎"而引起的寂寞，可能导致心脏衰竭；激烈的情绪同肿瘤以及其他癌症的成长有很明显的关联；"要命的头痛"可能出现在一个左右为难的人身上；在某些病例中，"死板的个性"被认为是造成关节炎的因素之一。关于你自己的健康，什么才是你正当的日常生活方式及行事方式呢？

信心是许多信仰的住处。我们现在应该把住处整理干净，因为如果你相信自己成功，那它就将是成功的住处。

纵容自己是不可饶恕的

在前面我们已谈到负责与不负责的问题。我们指出，当今社会里，有许多成年人一生中一直表现出与他们青少年时代同程度的不成熟。以美国为例，为了了解今天的美国社会的情况，我们必须了解到这一点：年轻人已过分依赖父母的支持和协助。人们现在已经造出一个特权社会，越来越多的孩子只因为他们"存在"——而不是因为他们在一个开放竞争的社会中所做的贡献而获得了很多物质享受及金钱。今天的年轻人因为受到父母与大众传播媒体的教导而认为"痛苦是无法忍受的",以及"紧张情绪在60秒内就能治愈",所以,他们无法应付早期的挑战与挫折。他们希望能找到真正充满爱心的关系,但这需要独立与自尊,这恰恰是他们没有信心达成的。其结果就是逃避在诚实亲密关系中不可或缺的那种承诺与牺牲。逃避的途径之一就是在性行为上滥交,因为滥交的唯一危险就是怀孕或性病——而这些是他们乐于接受的危险;另一种逃避方式就是服食禁药,这可以使他们获得不正常的兴奋,而且他们不必为获得感觉做任何努力。

不管你在什么季节阅读本书——此时此刻的美国,各家屋外已经下了一层厚厚的"雪"。

这种"雪"的真正名称就是——海洛因。

它就是美国讲求"即刻满足"的新地位象征。据保守的估计,美国有1 000万人不定期地使用海洛因,而至少另有500万人定期服食它。在过去10年当中,这种禁药的使用量已经增加了一倍,而且目前也没有任何减少的迹象。看起来,这已像是一个漫长、寒冷的白色冬天。

上面所有描述的并不是一种发生在少年、青年或是贫民区的现象。它发生在每一个市镇中,发生在中上阶级的美国人身上,而且遍及每个年龄阶层。海洛因的支持者说,它是世界上最好的东西,只要轻轻吸上一口,就能使你精神兴奋半个小时左右,但它不会因此令你得癌症;星期一上班,再也不会萎靡不振……没有任何危险,只有乐趣。呵!事实并非如此。我们都知道,因果关系是到处存在的。据美国加州大学洛杉矶分校精神药物学家西格尔说:"服用海洛因太多,等于在脑中点燃一场火。"如果长期使用,这种药品会造成沮丧、失眠、精神变态等后遗症。即使"吸嗅",也会造成鼻孔内部溃疡,引起鼻穿孔,必须进行手术治疗。而从兴奋中冷却下来后,将会造成重大的失落感,惟一的解决方案就是再嗅一点海洛因。恶性循环就此展开,令你无法根治这种恶习。

丹尼斯曾和两位好朋友林克列特、吉格拉一起做过研究,结果发现:站在讲台上,大肆"宣传"反对滥用药品,这样做并没有多少效果。他们发现,越是宣扬使用禁药的坏处,它们的销路反而更好。像他们这样大喊大叫,强调此一问题的严重性,以及指出美国目前的错误在何处,这样做,反而是弊多于利。毕竟,那些服食禁药的人,本来就是为了企图逃避生活中的不愉快。大声疾呼之后,反而使他们陷溺更深了。除了教育他们之外,还要找出积极的活动来取代从服禁药中得到的快感。为了短暂的快乐而纵容自己是不可宽恕的，想长期快乐地生活，就需要一个深刻的改变。

焦虑是由于缺少信心

"我用捡来的木头在壁炉里生起了火，其中一根木头还是潮湿的，我将它抛进了壁炉。那块木头燃烧之后，一群藏身其中的蚂蚁开始仓皇逃出。逃得快的，很快地避过了熊熊烈火；另一些还在拼命逃命的，则忽前、忽后、忽左、忽右，乱成一团。我凝视着这些可能化为灰烬的蚂蚁，真想高喊：'快逃吧！'"

以上是丹尼斯的朋友乔斯观察蚂蚁逃命的感受，不过，他的特别经验倒可作为20世纪人类生活的反映。当我们处于焦虑时，就像蚂蚁急着逃离火场一样，但却不知如何逃生。

大多数的人不管是在外工作、在家里、碰上塞车、陷于人群之中、在银行排队或在机场等着出境，往往都有过焦虑的感觉。若是人类没有焦虑，医疗上治疗焦虑的药也就不会存在了，而今，这类药品不只是最常使用的，而且目前是相当热门的处方。

或许只有在度假时比较不会产生焦虑感。但是，当丹尼斯带领亚米茄中心的学员前往加勒比海小岛度假兼学习时，刚开始的几天，常常听到一些抱怨，如天气太热、太潮湿、椅子不好、菜煮得太辣、冲澡的喷头坏了……过了几天后，大家心情放轻松了。然而，这种没有焦虑的日子维持不了多久，当课程快结束时，学员的焦虑感又出现了。有人想到，回去后，是否会有一大堆事情等着处理；也有人想到，几天不在家，不晓得孩子把家里搞成什么样子；甚至还有人想到，下飞机后，留在机场附近的车子是否还能发动。

有位女学员，说明她放松心情的方法：

"我经常从担任顾问的公司开车到任教的大学，开车时刻，正是能让我放松的时间，所以我很期待开车时刻。

我离开公司之前，会带着一盘想听的企管录音带；没空吃饭时，我就带一点吃的东西上车。在车上，我可以一面开车一面享用点心，还有手机可对外联络。因此，我常想：'多棒的点子！开车时可以吃东西、听录音带、有旅行的感觉，也可以接听电话，心情立刻轻松了！'"

这就是她放松心情的方法。但实际上，她的方式似乎只是避开焦虑，并没有把每一件事都处理得很妥当。这种解决方法只能针对普通问题，因为，日常生活中95%的焦虑，与时间不够用的感受有关，这种无法完成任务的恐惧感，会令人心生焦虑。焦虑也是压力的产物，有了信心的人不会担忧什么。他们

很少会焦虑，他们是相信奇迹的人。这些奇迹以各种方式表现出来，但都是你信心的体现。

信念是奇迹之母

1980 年 11 月 1 日，那是个星期六，阿诺德·李默兰正在散步。他突然听到在附近一处工地玩耍的一群孩子发出尖叫声，他立即赶了过去。原来一根粗大的铁管未绑好，滚了下来，把一位 5 岁大的小男孩菲利普·托思压倒在地上。由于铁管又粗又重，把这个小男孩的头部一下子压入泥土中，看来，他很快就要窒息而死了。

阿诺德·李默兰看看四周，但是附近并没有人可以帮助他。他只好尽力而为。他弯下身子，把那根 1 800 磅重的铁管从菲利普的头上抬了起来。在这件事情过后，他再度试着去抬那根铁管，但却抬不起来，甚至连移动那根铁管也办不到。他几个已经长大成人的儿子也试着去搬这根铁管，同样也失败了。

接下来，在接受美联社采访时，当时已经 56 岁的李默兰说，他在 6 年前曾经有过一次心脏病发作。他笑着说："我一直避免抬重物。"当时，那位被他救了一命的小男孩紧紧搂着他的脖子。

我们经常会听到这种在危急中发挥奇迹神力的故事，不是吗？我们曾经听说过老祖母一口气抬起一辆汽车，消防员在失火的大楼中奇迹式地救人，表现出超人般的力量。

过去对丹尼斯来说，这些传闻似乎显得太过夸张了，因为他一向是个有科学精神的人，丹尼斯经常要多方查证，以求他所获得消息是否真实。

但在最近几年来，丹尼斯已成为一名真正的信念奇迹的信仰者。这并不是指宗教的信仰者，而是指"信心力量"的真正信仰者，他对信心的力量深信不疑。

70 年代中期，人们开始由研究中获悉，我们的意志可以影响身体，我们的思想可以令我们获得自然的兴奋情绪，也会令我们在不知不觉中感到不舒服。当时丹尼斯在佛罗里达州的莎拉托沙市，担任国际高级教育协会的主席，这是一个非营利的基金会，由一群著名的健康科学家所创立，致力于研究预防疾病，以及如何促进人类幸福。这个协会和几所著名大学的医学院合作举办了许多场医学教育研讨会，和它合作的著名大学包括匹兹堡大学、内布拉斯加大学、约翰·霍普金斯大学、哈佛大学以及其他几所医学院。

在这些研讨会中，有几次会议是用来讨论斯坦福大学爱迪生研究基金会主任哥斯登博士的研究工作。哥斯登博士和他的同事一直怀疑，在我们头脑中存在一种和吗啡及海洛因相似的物质。1971 年，他们在头脑中找到了某种神经末梢部位，这些神经末梢的功用就像是一把"锁"，而只有一些不知名的物质才能像"钥匙"般地打开这把"锁"。除了哥斯登博士之外，另外一些在各自的实验室中独立研究的研究人员也同时发现，在我们的头脑中包含有这种以天然荷尔蒙形式出现的"钥匙"。目前已被证实的，包括了安克法林、安多芬、贝塔以及黛诺芬等。所有这些荷尔蒙都是天然止痛剂，其效力比吗啡强上很多倍。安多芬的效力是吗啡的 50 倍，黛诺芬的功效则胜过吗啡 190 倍。

1978 年，加州大学一个研究小组获得了一项有趣的发现，似乎证实了有关安多芬的一些早期发现。大家都很熟悉"安慰剂的效果"。安慰剂是一种不会引起任何化学效果的药剂，通常开给服用实验型药剂的自愿人员使用，观察这些自愿者在服用这种没有效用的安慰剂以及实验药剂之后产生的不同反应，就可以试验出后者的效果。

有一群自愿者刚刚拔掉了他们的智齿，其中有些人由医师给他们用吗啡止痛。另外的人则开了安慰剂，但并未向他们说明，他们误以为用的是吗啡，许多服用安慰剂的自愿者说，他们的疼痛感立即停止了。但是，给了他们一种能够阻挡安多芬效果的药物之后，他们的牙疼几乎立即又恢复了。这项实验证实了我们要了解的一件重要的事实：给某人安慰剂时，由于这个人认为他所拿到的是真正的止痛剂，因此他的头脑立即释放出化学物质，使信心获得实现。从很多方面来看，这种安慰剂的效果实际上就是一种获取信心的行为。

既然，我们的思想能够刺激头脑，使它影响肾上腺分泌出肾上腺素，协助一名 56 岁的心脏病人把一根重 1 800 磅的铁棒，从一名小男孩的头上抬起来；既然，我们的思想能够产生功效为吗啡 50 倍至 190 倍的天然安多芬，我们是不是也可以把这种力量应用在我们日常生活中，而唯一的副作用只不过是幸福快乐而已？

当人们问丹尼斯为何如此乐观愉快时，丹尼斯告诉他们说："我吃了安多芬。"他们就会说："难怪了，我们就知道你一定是吃了某种药品。"

乐观者战胜一切

对充满信心的人来说，乐观确是一种有利无害的状况。乐观者相信，大多数的疾病、挫折、痛苦与悲伤都可治愈。当然，乐观者同时也注重预防。他们的思想与行为集中在幸福、健康与成就上。

如果你没有机会阅读一本畅销书《疾病的解剖：病人的观感》，建议你找机会去阅读这本书。这本书的作者是诺曼·柯森，他曾经因为患了一种极为罕见的瘫痪病而住院，由于传统的医药无法改善他的病况，医师宣布他无救，于是，他搬出了医院。柯森深知消极情绪对人体会产生不良影响，因此，他认为积极的情绪一定对人体有良好的影响，他决定集中精神去思考如何使自己再度恢复健康。

他借来一架电影放映机，拟好自己的医疗计划，包括放映一些早期的滑稽影片。他研究了自己病情的一切资料与情况，并在医生的协助下，了解了应该怎样做才能使他的身体再度"好转"。他在书中回忆说："我很愉快地发现，只要真正开怀大笑10分钟，就能使我至少安睡两小时，不会觉得痛苦。"本来似乎无药可救的病却不断地好转，到最后，柯森的身体几乎完全恢复了健康。他把他个人的这项胜利发表在《新英格兰医学月刊》上，结果收到了来自全球各地几千位敬佩不已的医师的来信。34所医学院把他的文章收录在他们的教材内，后来，诺曼·柯森受聘任教于加州大学洛杉矶分校的医院。

李·特瑞维诺是丹尼斯最崇拜的一位英雄，他在美国"职业高尔夫球协会"所举办的比赛中多次勇夺冠军，得到不少奖金。在丹尼斯所有的演讲或研讨会上，一定会提到李·特瑞维诺对他有所启发、令他感到舒服的话或行动。

在某个不幸的日子里，他和另外两个职业高尔夫球选手被闪电击中了，当他从地上站起来时，有人听见他这样说："哦，上帝，我向你保证，今后我一定言行一致。"有位医生告诉他，他不可以参加美国高尔夫球公开赛，否则他的感冒要更严重了，他的回答是："可能会更好……甚至可能会赢！"（结果他得到了第二名）

特瑞维诺小时候在德州圣安东尼奥担任球童，替人背高尔夫球袋，他很高兴地提到当时的经济情况："我小时候，家里很穷……如果我母亲丢根骨头给我的小狗吃，而那根骨头上竟然还有些肉，那么，这只小狗就要大叫着表示兴奋。"他继续说，"那时候，我以前一直被认为是贫穷的墨西哥人，但现在，他们却认为我是个富裕的西班牙人。"

丹尼斯有一次在安迪威廉斯圣地亚哥高尔夫球公开赛中和他一同分配在职业与业余混合组的同一个4人小组中，一起打球。特瑞维诺对自己的球技十分自信，他经常和球童打赌，看他能够把球击得如何靠近球洞，他会这样对球童说："如果我不能够把球打到球洞的方圆1米范围内，我给你1 000美元；如果我打到了，你就免费替我背一次高尔夫球袋。"他的球童立即回答："你以为我疯了吗？这算什么打赌呢？"

他被人问到在加拿大公开赛将有什么表现时，他回答得很妙："你在说笑话吗？那本来就是为我而办的比赛呀！"那一年，有一位喝得酪酊大醉的球迷，为了急于得到特瑞维诺的亲笔签名，竟然跳入靠近最后一洞的水塘里，向着特瑞维诺正在打球的那个果岭游了过去。所有的旁观者都认为他一定游不到果岭。特瑞维诺本来正在打量果岭的形势，准备击球。这时，他放下球杆，镇静地直入水中，把那名醉汉拖上岸，给了他一份湿淋淋的亲笔签名，然后跑回果岭上，击出最后一球，为自己赢得了 4 年来第三次加拿大高尔夫球公开赛冠军。

有些人认为特瑞维诺很幸运，但我们都更清楚地知道，幸运就存在于"准备"与"机会"的交叉路口上。由于机会总是存在的，所以那些做过特别准备的人总是能够获胜，或是更为接近目标。至于那些事先未做充分准备的人，往往把他们的失败归咎于"运气不佳"，同时认为那些胜利者"运气太好了"。李·特瑞维诺就是这样的一名"幸运者"，他也是所有参加比赛者当中，进行了最充分准备的一名球员，因为他对自己有强烈的信心。他是丹尼斯所认识的人中，最具信心的乐观者。

命运的玩笑也是机会

另一位颇具信心的乐观者是拉里·罗伯。80 年代后期，他是德州最成功的股票经纪人之一。丹尼斯是在拉荷拉地区见到他的，他们很快就相处得很好。拉里是让人无法想象的一位积极思考及行动者。他外表英俊，有幽默感，思维敏捷，一年赚 10 万美元以上；更令人羡慕的是，他有一位美丽的妻子，以及一个美满的家庭。像他这样的一个男人还有什么奢求呢？

有一年冬天，丹尼斯和他一起搭机从达拉斯前往圣地亚哥，他们在飞机上谈到了他能在疯狂的股票市场中大赚其钱，必然有不容忽视的能力。丹尼斯问他究竟有何秘诀，他回答得像一名幽默大师而不像精明的生意人。"我在股票低价时，将它们买进，在它们上涨到涨停板之前，将它们卖出。"他这样回答。

"如果股票不上涨，或是在上涨后立即跌到谷底，你怎么办呢？"

"那我就不经手这些买卖。"他眨着眼睛说。

丹尼斯对他说，他希望能像拉里这样很快赚一大笔钱。拉里告诉丹尼斯，只要他给他 1 000 美元，他就能在 6 个月内给丹尼斯 3 000 美元。后来，他更大胆地要丹尼斯和他一起投资 4 000 美元，在 12 个月后，他就可以把这笔钱变成 10 000 美元。但丹尼斯很难为情地问，他只能投资 400 美元，拉里可有什么法子运用这一笔钱。他们不禁一起哈哈大笑，并且一致同意，这笔钱甚至不够他们一家人到塔河湖去滑雪及度假。他们两人都很喜欢滑雪及钓鱼，丹尼斯很羡慕他在下一周就要前往蒙他纳州度假。

但随后不幸的事发生了，一次拉里所搭乘的私人飞机在途中失事坠落。那架私人飞机坠落地面后，起火燃烧，拉里全身大部分遭受三级灼烧。

飞机失事后，他被摔落在厚厚的雪地里，当他躺在那儿时，他只有两个选择：静静躺在那儿，听任大自然夺走他的生命，或是挣扎站起来，找人援助。他选择了后者。

在急救时，他的外科医生说，由于他的灼烧极其严重，因此他只有千分之一的生存机会。

但信心所造成的奇迹，一向让人惊讶不已。在危急时，拉里记起了威廉斯医生的姓名，他是休斯敦圣乔瑟夫医院的主任，这位医生是拉里的朋友，也是休斯敦著名的整形医师。于是拉里托人打电话给他。

威廉斯大夫一直守在电话机旁，在经过漫长的几小时里，他指示蒙他纳的医师如何调配正确比例的药膏，并涂在拉里身上，保住了拉里的性命。威廉斯博士随后立即搭乘一架喷气专机赶往蒙他纳，将拉里接回休斯敦，争取时间，然后进行了几个星期的治疗。

意外事件发生后，丹尼斯和拉里的第一次联络是通过电话进行的。丹尼斯永远忘不了拉里在拿起病床边的电话后，向他所说的那些话。

"是你吗？丹尼斯？"丹尼斯听到一个既熟悉又陌生的声音说道。

"你的情形如何，拉里？"丹尼斯问道。

"我很好，老友，"丹尼斯的声音从电话听筒中传来，"我在这儿遭遇了一项暂时的挫折，令我暂时有点不方便……不过，没问题的！"

丹尼斯压制了自己颤抖的声音，对他说，他会替他祈祷，而且很快就会去拜访他。

几个月以后，丹尼斯又打电话给他。他对自己只是送去一张问候卡，而未亲自去看他，深感愧疚。他回忆道——

他是我的好友，躺在床上，接近死亡边缘，但我竟然忙得没有时间去对他鼓励一番。他所说的话，令我惊讶得差点从椅子上跳起来。

"我现在说话的声音可以比较清楚了，"他说，"在我嘴边的那些伤疤，已经动手术切除了。我终于又恢复工作了，我已经在医院这儿成立了办公室，架起了接听与对外联络的电话线，使我可以一面买卖股票，同时又可接听外面打进来的电话。"

我想不出什么话，只能问他生意如何。他告诉我，生意有点差，因为他现在全凭能力抛售股票，而且他最初所接的生意大部分出于朋友对他的同情。

"我知道，同情心是维持不了一两个星期的，"他居然轻声笑了起来，"因此，我现在已经学会了如何画股势走向表格，因为我再也不能光凭我的英俊外表去推销股票了。"虽然在感觉上很不舒服，但我仍然发现自己陪着拉里笑了起来。

里面的仍然是我

上面说到的拉里，当亲身看到丹尼斯时，他已经忍受了60多次大小手术。即使过了一年，看到他的脸孔时，仍然很令人感到难过。他被烧伤的程度比丹尼斯想象的严重得多。但你如果听他谈起这件事，你就会觉得他像只是在后院烤肉时烧伤了一根手指而已。丹尼斯陪他到治疗师那儿，看他忍受极度的痛苦，让治疗师把他的手指拉直、弯曲、按摩，如此他才能正确地移动手指，并让手指的筋络恢复正确的方向。

当他看到丹尼斯不敢正面看着他说话时，他说："不要担心，在里面的仍然是我……只是外面暂时进行整修工作而已。"他对丹尼斯说，只要你有充分的信心，而且能"从里到外"真正地了解你自己，那么，当某些意外事件"从外到里"威胁你时，你将不会因此而沮丧。他说，他家乡的人要应付他这种情况，是十分困难的。为了使大家感到安心，他在接受痛苦的皮肤移植、整形手术期间，总是戴着滑雪面罩到镇上的餐厅、银行及商店。"他们仍然对我发笑，以及注视我，"他回忆说，"但是，他们现在是对我感到好奇，

而不是像以前那样感到害怕。"他继续说道，"此外，戴上滑雪面罩之后，等于是我在鼓励自己，要早日恢复健康，再到滑雪坡上放纵一番。"丹尼斯心里则在想，当他第一次戴了滑雪面罩走入银行时，银行的出纳员见了，不知作何感想。

拉里就是这样的一位年轻人，原本事业及生活一切顺利，但突然间，他的世界却化为一片灰烬。他为什么没有被打倒或崩溃？而每年有数以千计的年轻人结束了自己的生命，其原因只不过因为没有能力应付环境的变化而已。这令丹尼斯想到他所听到的一些悲伤的人向他提出的成千上万次抱怨，丹尼斯想到了"悲哀总爱找人做伴"这句话，许多人之所以对自己的生活抱怨不休，主要是因为他们在潜意识里，希望把别人拉到与他们相同的悲哀境地里去。

拉里很骄傲地向丹尼斯说明医生如何重建他的两条腿。他们把从他身上其他部位切除下来的皮肤，移植到小腿及臀部上。丹尼斯又一次与他见面时，他已经完全可以利用他的手和脚了——他甚至恢复了滑雪运动——目前更是德州最成功的股票经纪商之一。

在归途中，丹尼斯望着飞机窗外，企图去了解拉里这种令人难以相信的乐观态度。他认为，拉里既然生来身体健康，又生活在繁荣富裕的美国，更有强烈的精神信仰，

那么，他当然不会让一次意外事故来打垮他了。丹尼斯忘不了他动身离去之前，拉里对他说的话："恢复你以前所知道的你，要比去变成你所不认识的某个人，显然容易多了。"

后来，丹尼斯终于得到了一次机会，能够把他关于信心的这项教诲加以运用。他那栋位于拉荷拉小山上的房子被火烧毁，他损失了所有财物。幸好并没有损失任何生命，即使是金鱼和两只分别叫"闪电"及"奔雷"的乌龟，也安然无恙。

在亲朋好友向丹尼斯表示安慰之际，丹尼斯开始着手设计新房，准备增建一间现代化的厨房，可以容人走进去的衣柜，又替孩子们设计了一间游乐室。现在，每当有任何不幸事件打击丹尼斯，他只会这样说："没问题，我们只是遭遇了一次小小的暂时的不方便而已。"

培养乐观信心的 10 个步骤

1. 和老鹰一起高飞。不要光是在地上乱跑一通，且像那些傻人一样地抬头望着天空，大叫："天空掉下来了!"乐观和现实是在一起的，它们是解决问题的双胞胎。乐观与怀疑，则是最糟糕的伙伴。你最好的朋友，应该是属于那种"没问题，这只是一次暂时小小的不方便"的类型。你在每天帮助急需帮助的人，同时更要发展出一种亲密的友谊，

而且其目的不是为了分担问题或需求，而应该是基于共同的价值与目标，来互相吸引。

2. 如果你情绪低落，千万不要去拜访下面 4 种场所中的任何一种：儿童医院、老人退休公寓、医院中的灼伤病房，或是孤儿院。如果看到比你更不幸的人，会使你更沮丧，那么，不妨改用积极的手段。到游乐园或公园散步，看看孩子们在那儿玩耍欢笑，接受他们的欢乐与冒险精神。把你的思想用来帮助其他人，重新恢复你的信心。到商场或超级市场走一走。有时候，即使只是简单地改变一下地点，就能把你的思想与感觉全部改变过来。

3. 听听愉快、鼓舞性的音乐。当你准备出门上学或上班之前，打开收音机，转到一个不错的调频电台。不要去看早上的电视新闻，你只要瞄上一眼当地日报第一版的新闻就够了，它已足以让你知道将会影响你生活的国际或国内新闻。看看与你的职业及家庭生活有关的当地新闻。不要向诱惑屈服，而浪费时间去阅读别人悲惨的详细新闻。在开车上学或上班途中，听听电台的音乐或自己的音乐带。如果可能的话，和一位乐观者共进早餐或午餐。晚上不要坐在电视机前，把时间用来和你所爱的人谈天，或共相厮守。

4. 改变你的习惯用语。不要说："我真累坏了。"而要说："忙了一天，现在心情真是轻松。"不要说："你们

怎么不想想办法?"而要说:"我知道我将怎么办。"不要在团体中抱怨不休,要试着去赞扬团体中的每个人。不要说:"这个世界乱七八糟。"而要说:"我要先把自己家里弄好。"

5. 向龙虾学习。龙虾在某个成长的阶段里,会自行脱掉外面那层具有保护作用的硬壳,因而很容易受到敌人的伤害。这种情形将一直持续到它长出供自己居住的新"房子"为止。生活中的变化是很正常的,每一次发生变化,总会遭遇到陌生及预料不到的事件。不要躲起来,使自己变得更懦弱。相反地,要冒险去应对危险的状况。对你未曾遇过的事物,要培养出信心来。

6. 重视你自己的生命。不要说:"只要吞下一口(麻醉药),就可获得解脱。"不妨这样想:"信心将协助你渡过难关。"你所交往的朋友,你所去的地方,你所听到或看到的事物,全都记录在你的思想中。由于头脑指挥身体如何行动,因此你不妨从事最高级和最乐观的思考。人们问你为何如此乐观时,告诉他们,你情绪高昂,因为你服用了安多芬。

7. 从事有益的娱乐与教育活动。观看介绍自然美景、家庭健康以及文化活动的录影带;挑选电视节目及电影时,要根据它们的品质与价值来选择,而不是注重商业吸引力。

8. 在幻想、思考以及谈话中,应表现出你良好的健康情绪。每天对自己做积极的自言自语。不要老是想着一些小毛病,太过注意了,它们将会成为你最好的朋友,经常来向你"问候"。你脑中想些什么,你的身体就会表现出来。在抚养及教育孩子时,这一点尤其重要。要专门想着家庭的好处,培养家庭四周的健康环境。有一些父母,比其他人更关心孩子的健康、安全,这反而使他们的孩子变成了精神病患者。你应该对安全预防措施及正确的医疗行动深具信心。同时也应相信,父母"最好的"以及"最坏的"关切,都会影响到下一代。

9. 在你生活中的每一天里,写信、拜访或打电话给需要帮助的某个人。向某人显示你的信心,并把你的信心传给别人。

10. 把星期天当做增加"良好信心"的日子。养成读励志书的习惯。根据最近对青少年人滥服药物所做的研究报告指出,不服用任何药的正常年轻人,他们生活中的 3 大支柱就是:读好书、良好的家庭关系以及高度的自尊心。

第八章　适应力的种子

接受生命中的逆境与失败，把阻挡在路上的绊脚石当做垫脚石，继续向生活的目标迈进，危机中往往隐藏着更好的机会。

在生活压力下要发展适应能力，首先要把这些压力看做是正常的。成功的人都会发展出坚强的心理力量，这是一种伟大的适应力的个性力量。

人们总认为目前是一个令人苦恼的时代。许多人都在等待机会，希望将来出现对他们有利的光明前途。其他人则希望时间能倒流，回到以前的那种"美好的古老时光"中，当时理次发只要两毛钱，空气也干净宜人，生活简单而舒服。

今天，如果你拿起报纸，翻到社论版，你可能会看到类似这样的东西：

这个世界对我们来说太大了。太大的变化，太多的犯罪，太多的暴力与刺激。不管你如何努力，总是落于人后。你不断地遭受压力，想要跟上别人……然而，到头来，你将迷失自己。科学上的发现及发明不断地推陈出新，会令你惊愕不已，不知所措。一切事情都承受着沉重的压力，人类再也无法承受更多的压力了。

这篇新闻社论读起来，就像是上周或昨天晚上才写的。但事实上，它却是写于150多年以前，刊登在1833年6月16日的《大西洋日报》上。那时，或许正是许多现代人所谓的"美好的古老时光"。

对你我来说，这有什么意义呢？我们能从这里面学到什么呢？要知道，这篇简单、不完整的社论，虽然已有150岁了，却能教导我们明白一项成功秘诀。

最好的时光就是现在

丹尼斯在美国各地高中学生的研讨会及毕业典礼上演讲时，总喜欢把学校外面的真实情况告诉他们。丹尼斯向他们说，他们不会在将来"熔毁"或被"炸成灰烬"，然而，这些将成为明天领袖的年轻一代，似乎并不相信他说的话。丹尼斯告诉他们，他们是历史上最幸运的先锋，他们将亲眼看到的变化，比他们的祖父辈所看到的要多出很多。他告诉他们，所谓的"美好的古老时光"事实上并不像大家所说的那般美好，他们听到他的这些话，眼睛瞪得好像铜铃那般大。

丹尼斯向这些美国年轻人所谈到的"美好的古老时光"，就是第一次和第二次世界大战，以及朝鲜战争期间的那些日子。

丹尼斯谈到在 20 世纪之初，马匹因为感染霍乱而在纽约街头暴毙。丹尼斯告诉他们，在那些古老的日子里，人们总是在一个大木桶中洗澡，用的是在烧炭或烧煤的炉子上加热的热水。在那些古老的美好岁月里，人们洗澡的水就是在他们之前洗澡的人所留下的同一桶热水。如果在你前面洗澡的是你的叔叔，而且他是一位养猪的农民，那么，你的衣领上不会留下一圈污垢，反而你的身体会留下一圈污垢，越洗越脏。丹尼斯告诉这些青少年，在那些美好的古老岁月里，流行小儿麻痹、白喉以及猩红热等可怕疾病。他们从来就不曾听过有免疫疫苗这样东西。

在 20 世纪 40 年代以及 50 年代初期，在酷热的夏季里，人们竟然不敢到社区游泳池游泳，或是上电影院，因为他们担心会感染小儿麻痹症，以致半身不遂、残障，甚至死亡。当丹尼斯这样告诉这些年轻人时，他们甚至不知道他究竟在说些什么。他们也从未听说过，在大战期间实施配给制度，人们必须在汽车挡风玻璃上贴上 A、B 或 C 的贴纸，凭这些贴纸在每个月内购买几升的汽油。

丹尼斯同时也相信，著名新闻播报员保罗·哈维对能源的看法是正确的，他说："如果使用电力的第一种产品是电椅，那么，我们今天甚至不敢插上我们的烤面包机插头。"当我们回头到历史中去寻找时，可以发现即使在最坏的时代，也能发现最美好的事物。这完全要看我们寻找的是什么。

前面所说的揭示的就是：美好的古老时光就是现在以及此地。

"美好的古老时光就是现在以及此地"最主要的原因就是，大多数人总是忘不了他们眼前的问题，却又只会记住他们以前一些美好的日子。另一个重要的原因是，大多数人无法从历史中学到这一点："发生问题是正常的现象。"不过，最重要的原因是，大多数人都强调目前的情况如何的糟糕，以便作为他们自己缺乏创造力及成就的主要借口。

每一代人都会哀叹，他们那一代是处在历史上最困苦的环境下。他们只要抱怨这个残酷的世界并且把头埋在沙子里，就永远不需要挽起袖子来解决属于他们自己的问题了。他们可以把问题归咎于长辈或

政府，然后大玩儿童从古到今最流行的游戏——"捉迷藏"。在这种游戏中，每个人都要拼命奔跑并且躲藏起来，被捉到的人只好当倒霉的"鬼"，然后再去找个人来代替他。

未来在期望中

丹尼斯对年轻朋友发表演讲或在研讨会上，总要对这些明天的领袖说，所谓"美好的古老时光"就是现在，因为这才是我们生活的日子，也是我们在历史上唯一生存的一段时间，这是属于我们的时光。他不会向他们描绘美好的一面，也不会向他们述说悲惨的一面。丹尼斯不会向他们灌输过多的乐观思想，只是告诉他们，生活中的变化是无法避免的。

现在一些十一二岁的体育选手，已经打破了上一代所创下的许多奥运纪录。在美国南加州的"维和教会游泳俱乐部"里，年轻一辈的游泳选手，每天都能打破巴斯特·克拉比 1932 年在洛杉矶奥运会所创下的金牌纪录。这一代的年轻男女越来越高，身体越来越强壮、健康，人也越来越聪明。在未来 5 年之内，篮球的规则及本身的比赛，都必须加以改变，如此才能使这种球赛再度具有挑战性。我们现在看到的篮球比赛是 10 名巨人在球场上跑来跑去，随心所欲地把球"放"入篮筐中，已经太枯燥了。

听丹尼斯演讲的一些年轻人常常问他：石油用完之后，人们拿什么做能源。他告诉他们，他自己的这一代已经成为科技的奴隶，而非它的主人。他对他们讲，在短短的几十年之内，人们已经用掉了全世界一半的化石燃料供应量，而这种化石燃料要经历好几百万年才能制造出来。现代人不但忽视了历史的教训，也未重视未来的发展，但幸好人们最后终于察觉了这种情形。人们总是要等到危机发生之后，再来采取行动。现代人不是长远目标的策划者，反而像是救火员。

现在，能源危机已经很严重，人们戴上了消防队员的帽子，开始寻找解决之道。在可以预见的将来，只要在一所发电厂中利用激光融合技术把像一个硬币大小的能源与海水联合起来，就能供应足够的能源给美国西部各州，连续使用 350 年之久。

到了公元 2020 年时，孩子可能会和他们的父母进行这样的对话："你说，你们在 20 世纪 80 年代与 90 年代时，都是开哪种化石燃料汽车的?"

"不错，我们的确是开那种古董的汽车。"做父亲的将会如此回答，"我们那时候的生活可真苦。我们必须开车去上学。"

"你们还要上学呀。"

"不错，在那时候，我们都要上学，"做父亲的回忆说，"你的曾祖父那一代都是走路上学的；我们则开车上学；而现在你们则坐在'奔腾三十型'电脑前，观看美国电报与电话公司提供的录影教学，以及从卫星图书馆的主要线路中查阅所有的资料。我们以前也玩你们现在用来学习的电脑，当然是旧式的，把它们当做一种游戏，我们把它叫做'小精灵'或'青蛙大战'"

公元2020年，汽车可能使用一种很先进的电池做动力，提供人们上班、购物的短程用途。若是较长的路程，将使用液氢引擎做动力的汽车。将来在我们高速公路上行驶的汽车所排出的废气将为纯氧和蒸汽，这些都是燃烧液体氢所产生的副产品。事实上，使用这种汽车之后，高速公路上等于出现了几千万架活动的吸尘器，把城市制造出来的脏空气全部吸收干净，而排出比目前科罗拉多山区上空更为干净的空气。在卡车后面将会贴上新的口号标语："卡车司机制造干净空气。"

在丹尼斯结束对高中学生的演说之前，他带领他们幻想他们的孙子举行毕业舞会的情形：在21世纪里，美国的高中学生跑到像澳洲这样的国家去开毕业舞会是很普遍的事，而且澳洲可能会成为大家争相举行舞会的一处最佳地点。要前往澳洲不是难事，只要搭上一架太空飞船，以29分钟的时间环绕半个地球就到了，穿着正式舞衣的太空旅客们还可以沿途欣赏壮观的太空景

色。他们将到澳洲参加毕业舞会，但可能半途中和女朋友溜出舞会，跑到香港去亲热一番，然后回来告诉我们，他们整个晚上都和女朋友的监护人在一起。唯有这种事不管经过几个时代，大概都是永远不会改变了。

抓住危机中的机会

在丹尼斯所有的演讲会上，他都向听众介绍中国对"危机"一词所做的古老定义，他认为美国人有必要向中国学习。中国的"危机"一词中即包含了"机会"的"机"字。从字面上来看，中国的"危机"的真正意思就是说："在危险之上的机会。"想要应付生活上的变化，在生活上获取成功，最好的方法就是把危机看成是机会，把阻挡在路上的绊脚石当做起跑的踏脚石。

在生活压力下要发展适应能力，首先要把这些压力看做是正常的。成功的人都会发展出坚强的心理力量，一般叫做个性力量。从研究结果上可以看出来，生命中的逆境和失败，如果能够接纳它们，看做是正常的回馈，那么，它们就能协助我们继续向生活的目标前进。它们将在我们身上发展，使我们产生免疫力，不会向焦虑、沮丧屈服，也不会使我们对生活的压力产生不良的反应。

使用药物克服紧张焦虑的情形

第八章 适应力的种子

越来越多（这种药丸的消耗量，每年已超过 7 千万颗），这种药物可以减少我们遭受痛苦或失败威胁的情绪反应，因此，我们才大量服用。但是，很不幸，这种药物同时也妨碍了我们学习容忍生活压力的能力。以行为来解决个人的问题，要比用药丸来解决，好得多。

历史上充满许多有趣的例子：有很多人把绊脚石变成踏脚石，并且因而对这个社会有了杰出的贡献。辛普森小时候腿上要套上矫正器，才能走到旧金山街上；贝多芬失聪；大文豪弥尔顿是盲人；丹普赛仅以半条腿踢出了全国足球联盟历史上距离最远的射门纪录。另外还有几千人把生活中的缺点转变为优点。

"圣路易斯世界博览会"于 1904 年在圣路易市和奥林匹克运动会一起举行。共有 42 个州和 53 个国家参加这项展览会，庆祝法国把路易斯安那北部送给美国的 100 周年纪念。这项展览会一般称做"圣路易博览会"。

在博览会众多摊位中，有一个男子租了一个摊位卖冰淇淋，另一名男子则租了一个亭子卖热鸡蛋饼。博览会举行期间，游客人潮汹涌，冰淇淋和鸡蛋饼两个摊位的生意都好得不得了。有一天，鸡蛋饼摊位的纸盘子用完了——他都是用纸盘子盛着鸡蛋饼加上 3 种不同的配料卖给顾客的。但是，他却发现，在整个博览会会场里，竟然没有人愿

意把纸盘子卖给他，这令他十分生气。所有的其他摊位都把他们的纸盘子藏起来，担心他们若把纸盘子卖给他，将会被拉走一些顾客。

冰淇淋摊位老板对其同伴的困境，似乎感到很高兴。他说："我看，你来帮我卖冰淇淋好了。"

鸡蛋饼老板认真考虑了他这项提议，他试着不用盘子装，而把鸡蛋饼直接卖给顾客，结果糖浆全流到客人的袖子上去了，弄得顾客大为生气。最后，他同意以折扣价格向冰淇淋摊主买进冰淇淋，然后转手卖出去。

鸡蛋饼老板希望以出售冰淇淋的低利润来弥补一部分损失。他最大的问题是要如何处理所有那些剩下来的鸡蛋饼原料，因为他已把一生的积蓄投资在上面，希望从"圣路易博览会"的庞大参观人群中赚回来。突然间，灵光一闪，一个念头闪现在他脑海中。他以前为什么没想到呢？他确信这样做一定有效的。

第二天，在家里，在他妻子的协助下，他做了 1 000 个鸡蛋饼，并用一块铁片把它们压扁。然后，趁着这些鸡蛋饼还热的时候，他把这些饼片卷成圆锥状，底部有个尖端。第三天早上，在中午之前，他就把冰淇淋全部卖光了，所有 1 000 张鸡蛋饼也全卖完了。由于他遭遇到纸盘子卖完的挫折，结果反而使他发明了"冰淇淋甜筒"。

20 世纪 30 年代，费城有位德国移民开了一家小餐馆，专卖德国香肠、面包及番茄酱。他缺乏资金，无法像别家餐馆那样供应盘子及餐具，因此，他就准备了一些便宜的棉手套，让顾客戴上手套，拿着沾满番茄酱的香肠吃。他的最大困难在于，顾客往往把棉手套拿回家去，用来除草或修剪花树，或做些其他杂活之用。为了供应这些棉手套，他几乎要破产了。

为了解决这个问题，他把德国面包从中切开，把香肠和番茄酱放在面包开口中。第一天，以这种方式卖香肠时，他解释说，他已停止供应棉手套，因此用这块剖开的面包代替棉手套。有位顾客，看到店主人所养的那只狗正在角落里嗅个不停，于是开玩笑说："现在我们知道你为什么要用这么好的面包把你的香肠包起来了。你把以前所养的另外一只狗怎么处理了？"店主人哈哈大笑。在那一瞬间，"热狗"就此诞生了。

不堪穷困潦倒而自甘堕落，是最平庸的人。

能够"逆水行舟"，才是真正伟大的人物。

穷困潦倒、陷入绝境或走投无路时，能够再进一步想想的，才是成功者应有的态度。

詹姆士·杨本来是个在新墨西哥州的高原经营苹果的果农。他每年把收获的苹果装箱，通过邮政销售方法零售给顾客。

"如果寄出的苹果令你不满意，请赐告一声，纵然不退回苹果，订金照样奉还不误。"他以这样奇特的广告词，吸引了许多预约订户。

但有一年秋天，新墨西哥高原下了罕见的大冰雹，使颜色鲜艳的苹果，全部遭受到损害。

面对被冰雹损伤的苹果，詹姆士心里悲痛极了。

"是冒退货的危险呢，抑或干脆退还订金？"不管怎样，都是使得他头痛的事。他越想越懊恼，歇斯底里似地抓起受伤的苹果拼命地咬。这时，他忽然发觉这种苹果却比平时更甜、更脆、更有汁，而且更美味可口。但乍看起来，的确非常难看。

"唉！多矛盾呢！好吃却不好看！"

"我怎么办呢？请指示我吧！有什么补救的办法呢？"他每天都这样苦恼着。

一天晚上，他在床上辗转失眠时，脑际忽然浮起一个创意。他决定像往常一样装箱邮送。

第二天，他根据构想的方法，把苹果装好箱，在每个箱里附了一张纸条，那上面写着："这次寄出的苹果，表皮上虽然受点伤，但请不要在意，那是冰雹的伤痕，这是真正在高原上生产的证据呢！在高原，气温往往骤降，因此苹果的肉质较平时结实，而且能产生一种风味独特的果糖。"

第八章　适应力的种子

在好奇心的驱使下，顾客迫不及待地拿起苹果，想尝尝味道。

"嗯，好极了！高原苹果特有的味道，原来就是这样！"大多数顾客都不禁这样笑逐颜开地赞美。

结果，他们纷纷加货，詹姆士因此发了一笔财，后来他成为著名的广告人。

调整情绪

危机是人生发展过程中不可缺少的考验，把它当成踏脚石的人，可以通过危机使自己更上一层楼，而对于把它当成绊脚石的人，可能就是人生的一场大灾难。要正确面对危机，首先要从调整情绪开始。

危机的出现显然会使人们极度地紧张和沮丧。众所周知，这些情绪反应不仅产生内在的、强烈的不适感，而且消极的挫折体验将使危机进一步恶化。因此，调整情绪的中心环节，就是要培养承受这些痛苦感受的能力。通过调整情绪，将使诸如焦虑、导致恐慌、沮丧、失望等情绪的恶性循环得到控制。当危机超出我们的控制以及我们无力改变外部事物时，把握住自己的情绪尤为重要。此时，将注意力集中在努力调整自己的情绪上，将会取得好效果，尽管这样做在同样的情境下不一定有同样的收效。

相反，企图阻止已经发生的危机的"痴心妄想"，对于控制消极情绪有害而无益。这种"痴心妄想"的思想逻辑形式为"如果只是……"或"但愿这不是真的……"。人们常常沉湎于这类冗长的幻想中，诸如：可能会发生什么事，应该发生什么事，这些事情为何差别如此之大，如果只是……等。这种痛苦，其弊端却是显而易见的，那就是徒劳无功地企图改变事实。迟早，严峻的现实会再次出现，层出不穷的难题将更令人费解。未来危机四伏，然而寻找新方法渡过危机的时间，却在"痴心妄想"中流逝远去了。

另一种弊端百出、治标不治本的方法是使用药物来逃避痛苦。许多人面临危机时，使用酒精、咖啡因、尼古丁、止痛药、镇静剂、安眠药和抗抑郁药。因为这些药物可以抑止消极情绪的生化过程，但是，当危机中我们需要利用自然情绪反应的自我调节机制来促进新的学习和治疗时，这种方法就会带来大量危险。根据经验，一些药物会使自然情绪的心理重建过程变得迟缓和困难，许多药物甚至会直接引发心理问题。

例如，长期服用咖啡因会引发焦虑症状，停止服用镇静剂又使焦虑症状进一步恶化。酒精会导致自我约束力的丧失，例如，服用过量酒精的人由于不能控制自己内心激烈的冲动，从而产生过激行为，结果会自伤或伤人。一部分人由于长期使用药物来逃避痛苦，会形成对药物的依赖或滥用药物。滥用药物不仅不能治病，相反会影响已被压力和紧张情绪损坏了的心理过程的重建。其实，危机中人们解决问题的注意力、判断力、推理能力以及计划能力远比想象的强。所以，轻视人们处理危机潜力的做法是很不明智的。另外，考虑到药物依赖的危险性时，我们在服用任何药物（不管是遵医嘱还是自己控制服用量）时都必须绝对小心。应该指出，短期服用药物对调整情绪可能有一定的积极作用。比如，短期服用安眠药可打破因失眠而形成的恶性循环，但药物不能替代其他疗效更为长久的方法。下面我们将就一些安全、长效的处理情绪混乱的方法展开讨论。

情绪调整法包括抑制、分散等回避痛苦的方法。这些方法能破坏人的消极思想和情绪，为个体的心理重建赢得时间。抑制，在一定程度上是自动的过程，不过，我们也可以有意识地控制它，譬如提醒自己"别想它了，想点别的吧"；分散，则是指不断地做事，集中注意力于当前的工作而不去关注那些痛苦的感受。分散活动的主要目的是回避痛苦的现实，不能与下文所说的活动调整法相混淆。分散活动只是为了分散痛苦，而不是要解决特定问题。

抑制法和分散法有其明确的适用范围，特别是在危机的早期阶段。

危机中出现少许的麻木感和非真实感是正常的，一些人在短时期内因心理伤害造成行为无能而想要寻求避风港也是无可非议的。所以，回避痛苦的方式有其自然调节情绪的功效。但是，如果只是一味回避痛苦，或在处理危机时主要使用这种方法，则将导致很多问题。这主要是因为它忽视和回避人的感受，极端回避痛苦的方法会干扰个体的心理重建过程。其实，痛苦的情感能够提供有关个体的心理建构与真实的外部世界不相一致的主要信息，这些信息在成长过程中是不容忽视的。

高度紧张的人们需要无微不至地关心自己。但遗憾的是，人们常常背道而驰。我们在紧张的时候容易忽略身体健康，就好像身体是日复一日不停工作的机器。事实上，在危机中，躯体受到许多伤害，它要不断地准备战斗或逃跑。随着肾上腺素等紧张地分泌，人的心跳加快，肌肉变得疲劳，血液化学成分发生变化，体内毒素不能像平常一样顺利清除。人们消化不良，睡眠也不好，身体不能得到正常的休整。在这种情况下，躯体需要的是帮助而不是捣乱。但是，人们紧张时干些什么呢？他们抽更多的烟、喝更多的酒和咖啡。平时，我们受这些东西的毒害是因为这些东西让我们快活；在危机中，我们用这些东西是为了缓和痛苦情感。但是，在紧张状况下摄取更多的烟、酒等物，反而会增添麻烦。

我们应该怎样帮助自己而不是让事情更糟呢？生理需要是很简单的——水、营养和氧气。我们当中的大多数人，饮水量远远低于适当水平，食用了过多的高脂肪、高糖分、过咸或低纤维的食物。空气之中是有氧，但我们呼吸的是什么样的空气？我们又是怎样呼吸的呢？我们呼吸的是污浊的空气吗？我们是深深地、放松地呼吸还是短促呼吸、只用了肺上部的1/3？

照料身体并不困难，但当一个人完全为痛苦事件笼罩时，他就要努力做到这一点。对你自己或是你的朋友来说，下面几点需要注意：

1. 少抽烟，少喝茶、酒、咖啡。可能的话最好戒除。

2. 多喝白开水。

3. 进食要有规律，食物要有营养，多吃水果和蔬菜。

4. 在新鲜空气中有规律地进行各种锻炼。

危机能使肌肉紧张，如果不及时释放这种紧张，就可能因为过于紧张而引起许多问题：不能休息、不能睡眠、疲劳、头疼、腰疼、协调性差。因此，危机中的人很可能接二连三地碰到新的危机事件。放松肌肉总是首要的事情。

降低肌肉紧张的方法很多，譬如体操、按摩、热水浴。游泳也是一项极好的放松运动，它把肌肉活动与水的放松效果结合起来了。此外，学会系统地放松肌肉也很有好处。有人以为，所谓放松就是靠着沙发看电视，或跷着二郎腿看报纸，但在这些活动中，身体常常一点儿都没有松弛。睡觉也不一定是一种好的放松运动，因为它也有可能使你辗转反侧、难以入梦。如果睡觉时紧咬牙关或是肩酸背痛，等你筋疲力尽时你就会醒过来。肌肉放松是一种习得性技能，和其他技能一样需要练习。第一次放松时可能比较困难，但通过训练，你逐渐就能运用自如，就和打字、骑自行车一样。

在你的情绪得到调整之后，把你的全副精力用在战胜这个考验上，你将会更进一步。

圣海伦山的机会

1980年，太平洋西北部全在圣海伦山的惊人威力之下震动——这个火山再度复活了。它已安静了好几年，但是，这种寂静被打破了，它不断地爆发，把岩浆喷洒到四周的村落与城镇去。电视与报纸对当地情况所做的报道，成了美国国内最热门的新闻——"森林被烧毁，河流阻塞，鱼类及野生动物死光了，观光地区被岩浆掩埋了，空气遭到污染，酸雨乌云在电离层中向东移动，圣安地列斯断层可能紧跟着受到波及，气候周期可能永远地改变，这一切只是开头而已……"

但一些受害者反而因为圣海伦山的爆发而大赚了一笔，在火山爆发后的第一个星期之内，共卖出了100万个以小塑胶袋装着的"圣海伦山火山灰"，每一袋卖1美元。当地的每个人都想买上一袋，送给住在其他城市的朋友亲戚，或是自己保留一袋作为纪念。有趣的是，这些所谓的"火山灰"大部分都是商人由自己家中壁炉里取得的炉灰。德州一位出版商出版了彩色精印的火山爆发的纪念照片，共赚了将近100万美元。火山爆发后的以后几周内，几乎全美国各地的人都相信，华盛顿已经陷于严重的生态及经济危机，而且可能永远无法恢复。

在火山发生最大的爆炸之后，丹尼斯去拜访了火山附近的地区。不到一年，他再去访问那里，他得到的印象已不像最初那般绝望及严重。火山爆发后造成的破坏十分惊人，没有人会否认。但是从火山爆发后所造成的破坏和障碍当中，造就了不少机会，这似乎就不是每个人都知道的了。大多数的鲑鱼都没法生存下来，它们发现河流被滚热的岩浆、火山灰及废物堵塞之后，就顺着改道后的河流路线游回家，有些新河流路线水深尚不到0.5米，跟人们所想的完全相反，有些鲑鱼在游到内陆尽头后，选择了陌生的地点，产下了卵。为了生存，它们不得不改变得自祖先的本能。

圣海伦山附近的野生动物很快地又回到原来活动的地方；湖泊和河流很快又出现了大量的生物，因为河水和湖水中流满了由火山爆发时所供应的丰富养分；野花开遍田野。当地的观光业也再度蓬勃发展。当初因为担心田地被盖上厚厚一层火山灰的农夫们，现在至少可以开心一点了，因为他们的泥土中现在含有最肥沃的矿物质，将来的田地收获一定相当可观。有关当局计划在当地建一座地热发电厂，因为圣海伦山本身可以协助解决能源危机。

关于成功人士对于逆境所发挥的弹性与适应能力，最令人感动的一个例子，出现在太平洋西北岸美国最大一家木材厂所召开的股东大会上。这家工厂的总裁在这个一年一度的会议上，向一群心情很沉重的投资者提出报告，他说，"各位女士、先生：我们高兴地向各位报告，圣海伦火山吹倒了树木，剥掉了树皮，然后把它们送到我们的工厂来，这些过程都不需要我们雇佣工人来处理。如果再来一次火山爆发，我们的收益就要创下新纪录了。"很明显地，这家工厂必须加倍栽种新树木，而且这些新树要经过好几年才能长得像火山破坏前那么高。要想挽回火山爆发所造成的损失，所需投下的资金势必很庞大。不过，问题在于如何把圣海伦山转变为在"危险上的机会"，以及如何把熔岩这种绊脚石变为通往成功的踏脚石。

在丹尼斯办公室的墙壁上悬挂了一首短诗，时时提醒他注意生活中的适应能力的重要性。这首诗是由柏吉特所写的，是他最喜爱的一首诗：

我既不要求走在平坦的路上，
也不要求背负很轻的负担，
我祈求赐给我力量与坚忍，
让我走过布满石块的崎岖道路。
给我勇气，
令我能够独自攀登最危险的高峰。
并把每一块绊脚石转变成为踏脚石。

你选择什么

当彼得·班兹雷拍摄根据畅销小说所改编的电影《大白鲨》时，特地前往澳洲，亲自观察生活在自然环境中的鲨鱼。在观察及拍摄这些鲨鱼的活动时，他就站在水深达到胸部的大海中。他突然发现，有一只鲨鱼离他很近，而且正向他这个方向游过来，于是他转过身子，向着岸上跑去。你可曾试过在水深及胸的海水中奔跑？班兹雷说，在那种情况中奔跑，就好像"在花生酱中跳舞"一样。

自从丹尼斯第一次听到这件事之后，他就一直想着彼得所做的这个比喻。他想，这就是大多数人的生活方式。大家都十分忙碌，但似乎毫无成就。他们只是指手画脚一番，就好像是"在花生酱中跳舞"。

大多数人都选择最没有阻碍及最安全的道路，而不敢冒任何危险。由于大众传播媒体经常以"坏消息"向我们做疲劳轰炸，因此，大多数人都以观看或听取他人的问题作为慰藉，并以此为他们自己不肯努力做辩解。

不久以前，有家电视台进行了一项实验：它专门报道"好新闻"。但这项实验只进行了6个星期就因为没有观众收看，也没有广告商提供广告，而告停。你能想象出还有什么事情比这个更令人感到生气的吗？你又在办公室里过了沉闷、沮丧的一天，回到家里，一屁股坐在电视机前，看到的却是在这个令人痛苦的时代里，人们如何奋斗成功的真实故事。其中有一项报道是说，有一家越南海上难民，他们在抵达美国后，开设了"重庆速食餐厅"连锁店，赚了大钱，而傍晚的电视播报员刚刚说过，在目前这种经济情况下，谁也无法有此成就，你想，大多数人对于这种新闻报道会有什么感想呢？

这些所谓的"坏消息"以及一些激情化的连续剧，例如《豪门恩怨》、《王朝》、《红鹤路》、《鹰羽冠》和《综合医院》等都极具吸引力，深受观众欢迎，因为它们把人性最坏的一面表现出来了。大多数人在不断地吸收这种资料之后，很容易地为他们自己的"在花生酱中跳舞"的生活方式找到借口。毕竟他们认为，自己的生活比每晚在电视上看到的那些人要正常多了。

亚特兰大动物园中的一头重400磅的名叫威利比的大猩猩也是个电视迷。动物园的管理员特别为它装设了几台电视机，让它可在白天观看。每天有数以千计的游客到动物园来看威利比看的电视节目，这正好也是美国大众最喜欢的节目。由此也可看出美国的娱乐水准了，不过，这项结论对威利比这头猩猩来说，并不公平——因为它除了看电视之外，别无其他的事情可做。

每个人都有想做某种事情，或者不想做任何事情的动机。这种动机就是我们内部的驱策力量，诱使我们采取行动，配合我们的思想。

由于恐惧、被动与冒险，使得很多人"在花生酱中跳舞"，放弃了在生活中奋斗的努力。另有两种更具行动力的动机，驱策着我们的生活，同时也具有更重要的心理与身体影响。这两种动机就是"处罚动机"和"奖励动机"，丹尼斯把它们称作是"压力的两面"。

"处罚动机"命令你去从事某件事情，否则你就要受罚。这种情形又叫做"强迫"（必须如此）和"抑制"（办不到），而且总有惩罚存在。

"奖励动机"告诉你去寻找某件事情，因为成功之后就能得到奖励。它同时也告诉你，你有能力办妥此事。这种情形又叫做"推进"（希望这样做）和"决意"（办得到），而且总是可以得到某些好处。

如何适应压力

"惩罚动机"和"奖励动机"都会造成压力。"惩罚动机"和强迫及抑制的感觉联合起来，就会产生消极的压力，称作"悲痛"。悲痛又会引发迷惑、曲解、难过、无力感以及疾病。"奖励动机"和推进及决意的感觉联合起来，会产生积极的压力，叫做"良好压力"。良好的压力则会引发你坚定地走向目标、产生活力以及一种幸福感。

那么，压力究竟是好是坏呢？答案是肯定的，压力是好是坏，完全取决于你是受制于"失败的惩罚"，或是受到"成功的奖励"所推动。你究竟是属于哪一种呢？

塞叶博士被认为是"压力之父"。他在30年代自中欧移居美国，当时还只是一位年轻医生，他首先从物理学中借用了"Stress"（压力）这个英文单词，用它来描述人体对所有一切事情的反应，包括人体对病菌、低温、恐惧、愤怒等情绪的反应。塞叶博士在将近70年前对"压力"所下的定义，到目前为止，仍然是"压力"最好的解释："压力就是人体对于加诸其上的任何要求所做的明确反应，不管这些要求是愉快的或是不愉快的。"

丹尼斯第一次见到塞叶博士是

在 1976 年，地点在佛罗里达州的沙拉索塔，时间就在他的 70 岁生日之前不久。在丹尼斯与他交往的 7 年中，丹尼斯一直把他当做小男孩看待，他有一双好奇的眼睛，在他那老年人的身体内埋藏着一颗童心。丹尼斯以"国际高级教育学会"主席的身份，安排塞叶博士和沙克博士担任主讲人，出席 1976 年 4 月在沙拉索塔当地美丽的"范韦索戏院"所举行的"国际压力研讨会"。听过塞叶博士第一次的演讲之后，丹尼斯为他对压力的精辟见解所感动，因此，特地多次前往加拿大的蒙特罗拜访塞叶博士。当时，塞叶博士在当地的"实验医药与外科手术研究所"有实验室。在 5 年之中丹尼斯把他们会面交谈的情形以录音及录影的形式记录下来，这些录音带和录影带在丹尼斯看来是最宝贵的私人财产，因为他一向喜欢收集和分享宝贵的生活时光，而不喜欢收集世俗财物。

塞叶博士擅长以简单易懂的生活实例来解释复杂的科学资料。由于压力已成为全世界瞩目的问题，而且各种书刊杂志也纷纷刊登文章讨论如何克服这些压力，因此丹尼斯很乐于把他所收集的塞叶博士有关这方面的见解，公开出来，与大家分享。

塞叶博士经常讨论压力的两面性。他指出，坐在牙医治疗椅上，或是热情地拥吻，都会造成相同的压力，不过，并不是同样受到欢迎。他说，当一位母亲突然间听到她的儿子已在战争中阵亡时，她将会显示出所有典型的压力的生化反应。在压力之下，一个人将会需要采取身体方面的动作。此外，胃部的黏液开始溶解，身体重量减轻，肾上腺失去储存的荷尔蒙，个人则患了失眠症。这些都是不明确的反应。不过，儿子阵亡消息所产生的明确反应则为极度的痛苦与煎熬。

几年以后，这个儿子走入他母亲的起居室，身体完整无缺，十分健康。原来，以前的消息是错误的——他并未阵亡。这位母亲欣喜异常。这种经验的明确反应是十分愉快的。不过，这种不明确的压力却和当初听到儿子阵亡消息时一样沉重。造成这种差别的并不是肉体方面的刺激，而是我们接受这些新闻的态度。

有一天晚上，丹尼斯和塞叶博士在他的书房里聊天，丹尼斯对他说，在他 12 岁时，父亲就教导他如何克服压力。丹尼斯的父亲负责管理一座仓库，一直到他在 1982 年去世，虽然他一辈子从未领过高薪，只受过很少的正式教育，但他却是丹尼斯所认识的人当中，最聪明的一个人。每天晚上丹尼斯上床睡觉时，父亲就会到他床边来坐一会儿，和丹尼斯聊聊天。这是父亲和儿子相处的最重要时刻，睡前的这几分钟也是最珍贵的。他总能说一些鼓励的话，让丹尼斯好好入睡。

他替丹尼斯盖好被子，准备离开他的房间时，会先"吹"熄室内的灯光，令丹尼斯觉得十分神奇。由于他背对着丹尼斯，所以丹尼斯看不到他伸出手闭掉电灯开关。丹尼斯只记得，他似乎拥有神奇的力量，能够像吹熄生日蛋糕上的蜡烛那般地吹熄电灯。房间陷入黑暗之后，他总是这样说道：

"晚安，儿子。你要永远记住，当你的灯光熄灭时，整个世界也随之消失。只有睁开眼睛的人才能看到灯光与生命。睁开你的眼睛，看着黑暗中的亮光。生命是要靠你自己去创造的……人与人之间的生活本身并没有什么重大的差别……重要的是你以什么态度去接受它。"

丹尼斯告诉塞叶博士说，他父亲在他小时候告诉他的这些话，就如同雾中的一盏明灯，他一直牢记在心，终生不忘。塞叶博士对他说，丹尼斯父亲的哲学和他的哲学吻合。他还说，他已把他20年来的研究结果浓缩成为一本300页的著作——《生活压力》。出版此书的麦格罗—希尔出版社对他说，他所做的解释太长，而且仍然过于复杂，塞叶博士于是把他的研究结果再浓缩为一篇只有10页长的大纲。但出版社的编辑告诉他，这仍然太复杂了，他于是决定再浓缩为又短又简单的两句话，让所有的人都能了解：

"为你所能获得的最高目标奋斗，但绝对不要做无谓的抵抗。"

这是有益于任何人的箴言。

消除紧张的方法

塞叶博士告诉丹尼斯的3项基本规则，帮助大家了解生活压力的理论，我们将在这一节及下一节中加以讨论。

1. 找出你的生活目标，它要能配合你的个人压力程度。我们大多数人都适于归纳为两大类。一类是"赛马型"的，他们在压力之下努力奋斗，唯有在快速的生活中才会感到幸福。接着，就是"乌龟型"的人，他们为了想要获得幸福，因此需要一个比较有规律、宁静的环境——而这种环境会令"赛马型"的人感到沉闷或泄气。如果你强迫一个"赛马型"的人不要动，让他悠闲自在，给他各种食物，让他享受各种豪华的事物，不久，他就再也跑不动了，不用的器官将会萎缩。他需要工作，因为工作会使人身体健康，他需要替才能和精力找到发泄的途径。但是，如果你企图教导一只乌龟跑得像一匹马那么快，那么，你会害死这只乌龟的。

大多数人都试着要当一匹赛马。我们在生活中不断冲刺，把生活当做一场赛跑，人人都想跑第一。真正的任务在于：找出一个能被我们所尊重的生活目标。它必须是"我们的"目标，不是我们父母的目标，也不是我们朋友的目标，而是我们自己的目标。要想知道你的生活方向是否正确，有一个方法，就是定出你自己对"工作"所抱的定义。我们似乎全都致力于追求更短的工作时间以及更多的收入。那么，什么是工作，什么是闲暇？

如果工作是指你必须去做事情，那么，闲暇就是你希望去做的事。一名职业渔夫，他出海去捕鱼，回到家来精疲力竭，晚上或许会到花园里修剪花木，算是放松一下心情。相反地，职业花匠可能就要以出海打鱼来逃避他的工作压力了。虽然，所有的人都需要有一些消遣，但你也必须确定，你十分喜爱你的职业，而且喜爱到足以把工作看做是一项"游戏"。塞叶博士说，尽管他每天早晨 5 点就起来，一直工作到深夜，但他认为自己这一辈子，从未做过一丝一毫的工作。他说，在这些工作时间里，他都是在"游戏"，因为对他而言，研究就是游戏，只要抱有这种生活态度，我们每个人都能获得更大的发展。

2. 控制好你的情绪，把所发生的情况归纳为对生活具有威胁性，或不具威胁性，对它们有所反应，但不是采取行动。心理学上有一项不确实的神话：发怒有益健康。但是，发怒后有个问题：你无法收回你在愤怒时向别人所说的话，或是撤回你在愤怒中对别人所采取的行动。发怒的行为会成为习惯。不妨去问问成为丈夫或孩子发怒时的受害者的任何一位妻子或母亲，去问问被习惯性发怒的父母所对待的任何一位孩子。发怒的结果会威胁到生活的价值。经常发怒的人必然缺乏自尊。他们把每一种不同的意见，都看做是刁难以及对个人的挑战。

人体之内有两种形式的化学使者：一种就是所谓的和平的使者（鸽子），它告诉身体的各个组织不要与人争吵，因为这样做不值得；另一种就是战争的使者（老鹰），它命令身体去摧毁入侵的外来物质，并与之进行战斗。

和平使者称作"同化"荷尔蒙，这些荷尔蒙告诉人体组织慢慢来，不值得和人争斗。只要你不和人进行任何争斗，你将不会生病。它们知道，令你生病的并不是这些闯入者，而是你为了对抗闯入者而进行的战斗。

战争使者则被称做"异化"荷尔蒙。它们的任务就是寻找及毁灭威胁到我们生命的危险入侵者。它们刺激产生各种激素，摧毁入侵人体内的物质。那些对日常生活的困难进行这种"战斗"的异化反应的人，他们的问题就在于把精力用在错误的方向上。

善用压力能反败为胜

所有的人都有一种"压力"存款账户，把压力储存在体内，当做生活的力量。我们的目的是要把它做聪明的运用，而且时间要尽量拖得长。我们的"压力"存款账户和正常的银行账户之间的差别，就在于我们无法把更多的压力存入"压力"账户内，我们只能从这个账户中"提款"。人类老化的程度各有很大的不同，原因在于我们的社会中充满了很多"大浪费者"，他们把一些并没有害处的环境，当做是生或死的抉择，因而采取了过度的反应，事实上，在我们每天上班途中，我们都可看到这些事情。

能够知道何时采取同化行动，以及在何时采取异化行动，这就是真正的智慧。如果你在夜间外出，碰到了一个醉汉，他可能对你怒言辱骂。你知道他对你不会造成任何损害，他只是喝醉了而已，因此，你采取了一种同化态度，从他身边走过去，一句话也不说。他喝得烂醉，不知道自己在干什么。你不予理会，因此也就不会产生任何麻烦的结果。

如果你把这种情形误解为是生命的严重状况，并把他当做是一个会杀人的疯子，那会发生什么结果呢？你未加思考，立即采取激烈的反应。你的血液中立即涌入大量的肾上腺分泌物，从糖与脂肪中集中力量，刺激脉搏、血液循环与血压。你的消化过程立即停止，胃内的保护腺开始溶解，所有的血液皆冲向战斗区。你的血小板也准备迅速凝结你的伤口。总之，警戒系统已处于最高戒备状态。

即使你并未真正与人争斗，只要你有心脏衰竭的倾向，你就可能当场死亡。在这种情况下，就是准备战斗的这种压力造成了死亡。请你仔细考虑一下，谁是凶手？那位醉汉并未碰到你，是你杀死自己的。有多少人因为不知道他们的行为可能造成的后果，因而杀死了自己或是未老先衰。

你自己也可能因为不明白，而误解了整个情况。你看到某一个人表现出愤怒的行为，但你却误认为他是一个无害的醉汉。但事实上，他却是一个杀人狂，手上拿了一把刀。在这种情况下，正确的行为就是响起你心中的警报，并采取"战斗或逃走"的压力反应。因为眼前有着立即的身体危险，你需要立即解除对方的武装，或者逃离现场求生。这就是为什么你必须正确地判断日常问题的原因，看看它们是否是真正的危险，这一点十分重要。

我们生活中所遭遇到的困难，有90%是出于自己的想象。我们都"自找麻烦"，并对自己战斗，因为我们对日常的大部分问题，正确的反应就是战斗，或是逃之夭夭。由于在这种困境中我们没有地方可逃，也没有人可打，因此，我们大多数人都陷在一种"无形的困境中"，这导致一些与压力有关的疾病。

最好还是学习适应各种生活状

况，不要采取警觉与抵抗的反应。把警觉与抵抗当做生活形式，容易导致未老先衰。情绪上烦躁不安的人，会提早消耗储存的精力，更会提早结束他们的生命。

争取其他人的善意与感激。没有恨，只有爱，将可激发起正确的精力或"良好压力"（Eustress）。我们要是能够改变自私及唯我独尊的感觉，那么，别人就会接纳我们。别人越能够接受我们，我们就越感到安全，必须忍受的消极压力也会相对地减少。

根据塞叶博士的观察，生活有效的关键在于，说服其他人分享我们欲获得幸福的天生欲望。他说，要想达到这一点，唯一的办法就是不断努力，获得与我们相处的男男女女的尊重与感激。塞叶博士把《圣经》上的名言："爱你的邻居，如同爱你自己。"改成他自己所创造的行为名言："赢取你邻居的爱。"他建议我们不要企图积聚金钱或权力，而希望我们协助我们的邻居，因而获得他们的好感。塞叶博士向人们规劝说："贮藏别人对你的好感，你的家里将成为幸福的仓库。"

丹尼斯最后一次见到塞叶博士，是1982年初，地点就在加拿大一家旅馆的房间内。跟平常一样，他充满了热忱。他向丹尼斯提供了一首短诗，那是他最喜爱的一首短诗，是小时候在奥地利与匈牙利经常听到的一首民间流行的谚语诗。他告诉丹尼斯，这首短诗使他一生永远不会记恨，而且能够迅速忘掉不愉快的事情：

模仿日晷的生活态度，只计算愉快的日子。

改变看法可使你从逆境中脱颖而出

人生中有许多事情，皆因角度不同而看法各异。比方说，在高速公路上开车，牛是危险的障碍物；但对以牛为中心的马赛族战士来说，牛则带给他们生活上很大的帮助与恩惠。

再以冰为例，它对北极探险家是一种威胁，但对在干旱的山谷中挣扎的探矿者，却是生命的甘泉。

许多现代物理学者，根据相对性的概念，认为人的心理倾向，常会影响际遇产生的结果。乌多教（西印度群岛所迷信的宗教）的魔法，即可应验这种说法。乌多教的牺牲者，对该教派魔法的效力一直深信不疑，而且，牺牲者在停止心肺功能之前，会经过一段至今仍无法解释的过程，而引起神经化学性的暴风雨，关于这一点，在安东尼·罗宾《一生的动力》中有详细介绍。

同样地，病患者对生死的看法亦有相同的影响。许多经验丰富的护士指出，左右病患者生死大权的，除外科医生的手术技术之外，病患者的求生意志也很重要，两者的重要性几乎相等。一项调查显示，接受外科手术的病人中，认为自己无法顺利动完手术，而实际亦如此的比例相当高；而生存意志力强的病患者，则大都能手术成功。

在诺曼·卡逊斯所著的《疾病的分析》一书中曾指出，幽默感往往比医学上的治疗，更能发挥治疗疾病的奇迹式效果。某一医学杂志也曾登载过，利用想象力治疗疾病的方法，主要是诱导病人想象强力的白血球在吞没癌细胞的情景。该杂志指出，这种方法已成为对付绝望疾病最有效的武器。

我们也应承认，这种积极性思考方式所具备的力量。并以其为自己重要的武器，头脑灵巧的企业家也正因有此认识，才能将现况与问题点以积极明朗的观点解决。对他们而言，杯子里有半杯水时称之为"还有半杯"，而不是"只有半杯"。

再举一例说明。杰生·罗察斯特因重新改写克雷格公司的电脑说明书，而使他成为技术时代中收入丰厚的企业家之一。当初他大可以说："我没有能力做这件工作，因为我对程式设计完全不懂。"

但他并没有这么说，他靠自己的人际关系与学习能力，找到优秀的程式设计师，学会工作所需的技术，不仅将这份工作顺利完成，还做得有声有色。

"因为我本身就是从头学习的人，因此，我相信所有初学者都能了解这份说明书的内容。"

由此可知，只要改变观点与看法，就能从逆境中挣脱，而走向繁荣的大道。

很多有着灵巧头脑的企业家，都是借着积极性的思考方法，引导自己到达成功的境界。这种方法，也是每个人都能实行的。你也可以借此挣脱过去的束缚，完成自己的经济目标与生活形态的梦想。

幽默使你幸福健康

在前面，我们谈到了乐观与信心，并谈到了诺曼·柯森如何以欢笑和一心想要复原起来而终于克服了原本不治的疾病。姑且不去管欢笑是否有什么治疗功效，经常开怀大笑不是也很有趣吗？人们都喜欢笑。然而，可能并不太欣赏那些事先排练的喜剧效果，也不大喜欢职业笑星所说的笑话，这些都不能令人们发自内心地开怀大笑。你应该欣赏的是日常生活中的真正幽默。幽默是当你感到自己太严肃的时候，纵情大笑一番，幽默就是对一般生活状况开怀大笑。

大文豪王尔德说："人们把自己想得太严重时，正足以显示本身的渺小。"学会安迪式的幽默，他甚至能对国税局说出一番幽默的话来。

那些年龄在 80 岁以上的人，都是伟大的人物。他们之中有很多人都有丰富的幽默感。诺曼·皮尔、《积极思想的力量》作者毛里斯·查瓦利、罗丝·肯尼迪、洛威尔·托玛斯、鲍伯·霍伯以及乔治·渤恩都是最好的例子。林克列特将近 80 岁了，却仍是当今世界上少数几个能在成年人生活中以童心和孩子保持接触的人之一。丹尼斯也跟林克列特一样能跟孩子相处得来，除了这极为少数的人之外，很少有什么人会有这种"赤子之心"。

大约每隔两个月，丹尼斯都要出席一项"积极生活"大会，这个大会轮流在全美各地召开，参加者除了他之外，还有林克列特、保罗·哈维、罗伯特·史兹勒，以及诺曼·皮尔等人。精神上的信心以及幽默，是生活的两大基石，也使得这些参加者都能够名列美国伟大人物之林。丹尼斯一向很高兴能和他们参加同一项聚会，尤其重视和林克列特的友谊，幽默感使他永远保持年轻。

林克列特已经发现了保持年轻的秘密：他透过孩子的眼睛来看这个世界。林克列特向美国人发表演说时，鼓励所有的人对自己大笑一番，找出藏在每个人内心中的那个孩子，小孩长大后，就会变得年老。林克列特鼓励我们不要长大。他举出在他的节目中，对一些小孩子所做的"严肃"访问谈话，借此提醒我们重视自己的青春。在丹尼斯来看，他所说的话才是真正的幽默。

在这些大会上，林克列特以主讲人的身份，向将近 1 万人的观众发表演说，他提醒我们"小孩子经常说些令人啼笑皆非的话"。他记得曾经访问过一位 3 岁的小女孩，她有着一双大大的棕色的眼睛，他问道："你都帮你母亲做些什么事呢？""我帮妈妈弄早餐。"她很快地回答。"你做些什么工作来帮你母亲准备早餐呢？"林克列特问道。她毫不犹豫地回答："我把面包放进烤面包机里，但她不准我把烤焦了的面包丢进马桶冲掉。"

林克列特有一次问一个小学生，他的父亲从事什么职业，这位小学生紧紧抓住麦克风，仿佛它是一个冰淇淋甜筒。"我的爸爸是个警察，"这位小男孩说，"他专门抓坏人、小偷，把他们揍得东倒西歪，用手铐铐住他们，把他们带到警察局去，关进监狱里。""哦！"林克列特说，"我敢打赌，你的母亲一定很担心他的工作，是不是？""才不呢，"这位小男孩向林克列特保证说，"他带了很多手表、戒指及珠宝回来给她。她才一点不担心他的工作哩！"

丹尼斯最喜欢的一个故事是下面这一个：林克列特在节目中向一个小孩子提出一个假设的问题，要他解答。"且让我们假设，"林克列特说，"你是一架商业客机的驾驶员，你正开着飞机飞向夏威夷，机上有 250 名乘客，突然你的飞机引擎停了。在这种情况下，你将怎么办——如果你是这架飞机的驾驶员？"这位小男孩把这个问题想了一想，然后说出了他的答案："我会亮起'请绑好安全带'的指示灯，然后跳伞逃生。"他似乎对自己的答案感到十分自豪，但这时观众席中却响起了一片笑声。他把手伸入口袋里，眼中开始流出眼泪。林克列特立即赶过来轻声替他解围。"孩子，你的答案很好。他们并不是在笑你，他们只不过是很高兴听到你的答案而已。"林克列特这样安慰他。这位小男孩显然仍不满意，他回答说："不错，但是我马上就要回到飞机上来。我只是要出去买些汽油回来。"

我们应该保持幽默感，如此才能适应生活上的悲欢离合。且让我们来维持内心的这个"小孩"，不要让他睡着了。记住，当你的孩子看起来已是中年模样时；当你玩电动玩具，显得笨手笨脚时；每一次有位年轻漂亮的女郎经过，你的心跳调节器就会使得车房敞开大门时；当你扶着过街的那个满头白发的老妇人，就是你的太太时……你就会知道，你已经老了。

但只要我们能够以一个孩子的眼睛，来观看这个世界上美好的事物，那么，我们就永远不会年老。

小孩不但可以从玩具本身获得很大的乐趣，甚至也能从装着玩具的纸盒上得到相同的乐趣。孩子几乎对每样东西都觉得好笑——小狗、甲虫、蝴蝶、喷水器、旋转木马以

及他们照在镜子中的脸孔。

只要我们能够以一个小孩子的眼睛来看自己，不要把自己看得太过严重，那么，我们已经掌握了适应能力的要点。变化是无可避免的，我们知道，明天一定是一个新的惊奇，一个新的挑战，一项新的喜悦。

我们每天盼望实现新的承诺，我们已经发现了这个秘诀：美好的古老时光就是现在以及此地。

培养适应力的 10 个步骤

1. 检讨一下你的幽默感，看看它对你有何好处。它只是一个贮存笑话与轶闻的仓库，或是它可以发挥作用，它本来就该如此——协助你看清楚自己有时候很好笑的一面。

2. 对你的情绪负起责任。当你开始生气时，要承认这项事实：你的情绪是属于你的。当你谈到愤怒或不满时，要说："当我看到发生那种情形时，我感到十分愤怒。"而不要说："当你那样做时，你令我十分愤怒。"只有你能使自己感到愤怒。

3. 当你想要斥责某人，或是表达你的不满时，最好在你想要与人打架的冲动以及你的烦恼消退之后再这样做。当你烦躁不安时，试着去做一项激烈的运动，例如，跑步、打网球、羽毛球或是手球，这些运动充满攻击力，可以缓解你的肾上腺分泌。把你脑中所想的话说出来，但是只能批评对方的行为，不能攻

击他人。

4. 没有"赢得争论"这回事。只有"赢得协议"这回事。

5. 把变化看作正常的。不断地监视及评估你改变步调的能力，以及你的弹性、新观念、应付惊奇及迅速适应变化的能力。

6. 不要进行"孤注一掷"式的行动。如果事情的结果出乎你原先的意料，那么，设法制造出一个好的形势，不要像一些球队，在输掉一场球之后，就认为整个球季都输了。不要在别人或你自己身上寻求不合理的完美形象，你这样做，将使你的表现不断受到别人的怀疑，不管你做什么，别人都很难相信。

7. 让其他人为他们自己的行为负责。不要自责或虚伪地愧疚，你如果这样做，将对亲人的生活造成不好的影响。除了合理地尊重法律以及个人安全之外，即使是你自己的孩子也要为他们自己的生活负责，适应你的家庭及工作环境，如此，勇气与弹性将成为你获得成功的两项有利因素。

8. 学会说"不"，而不要随便地说："好的，我已经答应了。"想要解除生活压力，最好的方法就是妥善地安排你的时间，使你能够从容不迫地实践你的承诺。在所有的时间内皆"十分紧张"的人，很容易得心脏病以及其他与生活压力有关的疾病。事前拒绝，要比以后说"对不起，我忙不过来"好得多。只有你才会使自己生活在紧张中。

9. 简化你的生活，取消那些没有意义的活动。每周至少问自己一次："除了我每天正常的工作与生活活动之外，我生活中的真正意义是什么，我真正希望以什么活动来打发时间？"

10. 从事有意义的休闲活动。取出你的风筝，把野餐盒洗干净，和朋友或家人共同进行一项计划，参加剧院活动、音乐会，看电视及看电影时，专门选择那些令你内心感到温暖的节目与影片。只要你永远保持一颗赤子之心，以新鲜的眼光来观看这个世界上美好的事物，你就会发现周围的天地多么令你着迷。

第九章　毅力的种子

没有任何事物可以代替毅力，能力、天赋、教育都比不上毅力。坚持到底，你认为办得到，你就会成功。

成功总在不断地积累之中，而毅力则保证这份积累是足够的。

我们在前面已谈到"信心的种子"。"毅力的种子"跟它很相似，但不同之处在于它是对信心的一种考验。毅力就是在一切事情都对你不利，但你又知道自己是正确的时候坚持到底。

在丹尼斯所接触的所有成功人士当中，最为普遍的一项基本特点是：他们全都相信上帝。他们每个人都相信，他（她）是上帝计划中不可或缺的一部分。有了这项信心，就能够发展积极的想象力、自尊、智慧、目标，以及对信仰与承诺深切的信心，他们的信心就是坚强的基础，使他们能够适应生活中变化的强风，顺利成长，精神不致崩溃。这种在强风中弯曲又弹回的能力，表现在他们不寻常的适应能力，以及他们在最黑暗的情况下，也能看到光明的习惯。

成功就是做其他人不愿做的事

也许这就是真正的成就不为人知的原因。大多数人耗费无穷的岁月，梦想得到它。每个人探讨、撰写、幻想着它，并且参加各种集会，希望多得到它的资料。但只有少数的人能够获得真正的成就。为什么？人们说，他们把信心寄托在一项奇迹上。但是，奇迹已被证实为只是"发挥行动的信心"而已。当某人说："这件事真是个奇迹。"成功的人经常会接着这样说："我们的祈祷已得到回答，我们从不放弃希望，只要我们继续努力，就会获得成功。"

成功者所从事的工作是绝大多数的人不愿意去做的。

你可能已经注意到了，上面所说的是，成功者所从事的工作，是绝大多数人"不愿意"去做的。这并不是说"办不到"，而是"不愿意"去做。一个不愿意去读书、学习、工作或祈祷的人，就是生活中真正的失败者。那些由于缺乏能力，或是受到环境的限制，无法读书、学习、工作，或甚至无法祈祷的人，并不是失败者。他们是英雄，正在挣扎奋斗，希望抵达生活的终点线。生命中的失败者，就是那些希望外表、钱财、衣着、休闲、旅行、财产及退休生活都像其他有钱人一样的人，但他们本身没有这种能力。他们是因为不尽责任而失败，并非在生活战斗中被打败。在美国，不能以玩忽职守及绝望作为借口。人们每个星期丢到垃圾桶里的食物，足可供给未开发国家的人民吃上一年。美国一个 5 口之家的一顿感恩节大餐，可以让一个未开发国家中 20 个挨饿的大人吃上一个月。

事实上绝对没有任何社会经济条件，会破坏了"成功的种子"的种植以及培养。在《洛奇》影片第三集中，剧中那位具有无比坚毅力量的男主角开门见山地说："我是在贫民窟中长大的，但在我内心当中，却没有贫民窟的存在。"

不错，在每个国家中，都存在着贫穷、歧视、无知、偏见、不公正以及愚蠢，但是，它同时也存在着机会、决心、知识、开放、公正以及信心。对于成功，我们所需要的就是这个被称之为毅力的"最佳秘密"，下面的几节将向你介绍几个深知毅力重要性的人。

毅力是人生的至宝

1956 年，上校哈兰·桑德斯眼睁睁地看着一条新建的跨州高速公路，在离他的饭馆 3 千米外的地方通过，一脸的无奈。他知道，他在阿肯色州科尔宾镇的这家饭馆，会因为新建的公路而失去许多客人。没有稳定的客源，他将很难把生意支撑下去。

66 岁的上校并不是个轻易认输的人，他靠着一张烹制炸鸡的神秘菜谱和不懈的毅力扭转了乾坤。意想不到的中途转轨，造就了后来的庞大的肯德基帝国。

哈兰·桑德斯 1890 年生于美国印第安纳州亨利维尔附近的一个农庄。他 6 岁时，父亲就去世了，母亲不得不长时间工作以维持生计。她白天给罐头厂剥马铃薯，晚上给人家缝衣服，留下 3 个孩子自己在家做饭。桑德斯是老大，每次做饭自然是由他掌灶。

他 12 岁时，母亲改嫁。继父不喜欢小孩，母亲也不喜欢桑德斯，才读到 7 年级，桑德斯就被送到格林伍德一家农场去做工了。

在农场干了几年以后，桑德斯决心出去闯世界，走自己的路。在接下来的 25 年里，桑德斯干过的工作像他试过的帽子一样多：他当过粉刷工，在电车上卖过票，开过渡轮，卖过保险，当过兵，在铁路上工作过，他甚至得到过一个函授法学学位，使他能在肯萨斯州小石城当上一段时期的治安官。在不断的转换工作中，他始终相信，他会有自己的事业。

1929 年，他终于在科尔宾开了一家加油站。他仍然喜爱烹调，经常给妻子和孩子们烹制他的拿手好菜——炸鸡。因为他们一家人就住在加油站旁边，来加油的人常常能闻到从他家飘来的阵阵香味。后来，桑德斯就在家里饭厅的餐桌上对外供应现做的饭菜，而炸鸡往往是必不可少的一道主菜。

没过多久，来就餐的人就多得使小小的餐厅无法容纳下了。桑德斯搬到街对面一个有 142 个座位的饭店里，起名叫桑德斯饭馆。他这个厨师的名声越来越大，1935 年，肯德基州长鲁比·拉丰授予他名誉上校头衔。新上校别出心裁，在饭馆旁边加盖了一座汽车旅馆。桑德斯饭馆兼旅馆，早在著名的霍华德·约翰逊汽车旅店建成之前，成为第一个集食宿加油为一体的企业。

桑德斯希望保持那种特有的风格，那种家庭氛围，因为他知道顾客喜欢像一家人吃饭那样，不用菜单点菜。

但随着顾客的增加，他越来越难于做到顾客要什么，他很快就能给端上来。桑德斯到纽约康乃尔大学学习饭店旅店业管理课程，帮他解决了一些管理方面的问题。但要为那么多的顾客很快地将炸鸡端上桌，却不是个容易解决的事儿。他总是一边手忙脚乱地为顾客炸鸡，一边听着急的顾客在旁边不停地抱怨。

压力锅的发明，对桑德斯上校来说真是天赐福音。它可以大大缩短烹制时间，又不会把食物烧糊。1939 年，桑德斯买了第一只压力锅。经过实验，他可以如他所期望的那样，用它在 15 分钟内把鸡炸好，而他用 11 种香料调制的炸鸡佐料也日臻完美。由于他的食品口碑甚佳，营业场地宽阔，众多食客闻讯而来，即使在 20 世纪 30 年代大萧条时期，桑德斯也是精神焕发，干劲十足。

到了 20 世纪 40 年代，他的生意曾经受到很大威胁。由于二次大战期间实行汽油配给，光顾他的饭馆的游客量大减。营业状况太差，他不得不关掉饭馆。但是大战一结束，上校的饭馆就重新开张，并在几年时间里保持着稳定的收入。

到了 20 世纪 50 年代初，桑德斯的资产已经上升到 15.5 万美元。这笔资产，加上他的银行存款和每月的社会福利金，足以保证他一家过舒适的生活了。

然而外界的变化再一次威胁到他的安稳生活。新建横贯肯德基的跨州公路计划最后确定并向大众公布了，这对桑德斯是个很大的打击——公路将在科尔宾几里外穿过。跨州公路对游客是好事，却要夺走桑德斯的大批顾客，走新公路的游客不可能再来光顾他的饭馆了。新公路通车后，桑德斯的生意急转直下。到 1956 年，桑德斯只有变卖资产以偿还债务，所得款项只相当于公路通车前他的总资产的一半。为了偿清债务，连他的银行存款也用光了。一下子，哈兰·桑德斯这位昔日受人尊敬的上校，已经面临在贫穷潦倒中了此残生的局面。

桑德斯终日冥思苦想，琢磨怎样摆脱困境，突然想起他曾经把炸鸡做法卖给犹他州的一个饭店老板。这个老板干得不错，所以又有几个饭店老板也买了桑德斯的炸鸡佐料，他们每卖 1 只鸡，付给桑德斯 5 美分。绝望中的桑德斯想，也许还有人也愿意这样做。

于是，桑德斯带着一只压力锅，一个 50 磅的佐料桶，开着他的福特汽车上路了。身穿白色西装，打着黑色蝴蝶结，一身南方绅士打扮的白发上校停在每一家饭店门口兜售炸鸡秘方，要求给老板和店员表演炸鸡。如果他们喜欢炸鸡，就卖给他们特许权，提供材料，并教他们炸制方法。

饭店老板都觉得听这个怪老头胡诌简直是浪费时间。桑德斯的宣传工作很艰难，头两年，他拜访了 600 多家饭店，只有很少几个饭店老板把炸鸡加进自己的菜单。然而，他坚持着做下去，终于取得了突破，从此，他的业务像滚雪球般越滚越大。到 1960 年，已经有 200 家饭馆购买了特许经营权。70 岁的桑德斯被要同他合作的人团团包围，要买特许权的餐馆代表还在蜂拥而至。

桑德斯建起了学校，让这些餐馆老板到肯德基来学习怎样经营特许炸鸡店。

一身南方绅士打扮的上校烹制肯德基炸鸡的形象，吸引了众多记者和电影主持人。没有多久，桑德斯修剪整齐的白胡子和黑边眼镜就成为闻名全国的标记。桑德斯经常开玩笑说："我的微笑就是最好的商标。"

他这个活广告的效果奇佳，以至在 1964 年桑德斯售出了全部专有权之后，这些权益的新主人还付给他一笔终身工资，请他继续担任肯德基炸鸡的发言人，广泛进行宣传。就在他 90 高龄辞世前不久，每年还要做长达 70 多天的旅行，四处推销肯德基炸鸡。桑德斯的实践证明了，不仅可以在晚年开拓一项新的事业，而且还可以创建一个非常成功的产业。肯德基炸鸡现在已经在近百个国家开设了上万个连锁店。

如果桑德斯当初没有相信自己产品的信心，没有行动到底的毅力，今天的肯德基炸鸡恐怕早已失传了。

桑德斯上校的成功正说明了一个问题，那就是"毅力是人生的至宝"，如果你有毅力，年龄并不是成功的障碍。

坚持是人生最有力的武器

对于绝大多数在商场拼搏的人，破产就意味着梦想破灭，路已到头。

但在詹姆斯·福尔杰破产时，人们简直一点也看不出这种迹象。在福尔杰的内心世界里，压根儿就没有"失败"这个概念，他从来都认为，所谓安全感只能是短暂的。当灾难降临头上、财务状况急剧下滑的时候，福尔杰坚持让企业照常运转，好像什么也没有发生。奋斗10年之后，他终于还清了他的所有欠款。

詹姆斯·福尔杰于1835年生于美国靠近马萨诸塞海岸的南图凯特岛。南图凯特岛是著名的捕鲸船聚居地，一个有1万多居民的繁华城镇。他的父亲塞缪尔勤奋工作，从一名锻工干起，后来当了一个建筑公司的头头，并且成为两条船的主人，当时全城总共也只有90条船。

然而，南图凯特岛所有居民长期劳动的全部成果，几乎在1846年7月13日统统化成了灰烬。一场从商业区燃起的大火，席卷全城，整整烧了一天。等到消防队控制住火势时，大火已经焚毁了大片范围内的建筑和财富，其中包括塞缪尔·福尔杰的建筑公司和两条船。詹姆斯·福尔杰当时11岁，从某种意义上说，正是这场大火把福尔杰带入商场，使他成为家喻户晓的名人。

这场毁灭性的大火刚刚扑灭，居民立刻从其他岛运来木料、砖瓦和其他建筑材料，开始重建家园。

在同哥哥们一起重建城镇的过程中，詹姆斯学会了做木匠活。在鲸鱼明显地越来越少的情况下，捕鲸业已难以重振小城经济，学一门手艺变得十分重要。尽管城里居民努力奋斗，南图凯特小城再也没能富裕起来重振雄风。

像岛上的许多家庭一样，福尔杰家也决定送几个儿子去加利福尼亚。当时，人们都传说，那里满山遍野都是黄金。虽然詹姆斯只有14岁，但大人认为他心灵手巧能够谋生，于是他在1849年同两个哥哥一起动身去加州。

第二年春天，詹姆斯·福尔杰在淘金热潮中到达旧金山。作为淘金者的大本营，旧金山的人口在短短的两年里，从800人增加到4万多人。在这里，木匠是最有用的工种，可以得到最高的报酬。所以，两个哥哥去淘金了，詹姆斯就留在旧金山做木匠。

詹姆斯的第一个雇主是威廉·博维。威廉卖掉了纽约的咖啡作坊，到加州销售咖啡和调料。他雇詹姆斯来帮他建一个咖啡和调料加工厂。

威廉开设的这个先锋咖啡和调料厂，正值加州的咖啡加工业迅猛发展的时期。人们已经厌倦了自己焙制加工咖啡豆，威廉出售的产品，只是为矿工们省掉了烘干磨碎咖啡豆这么一两个加工环节，就取得了意想不到的成功。

开张不久，咖啡厂就接到大笔订单，以致威廉不可能用手摇转炉按时加工完成。在詹姆斯的帮助下，他建造了一座风力加工厂。可惜的是，风力加工厂一到无风的夏季就完全停工了。在无风的日子里，这座工厂只有傻呆呆地矗立在那儿，毫无用处。威廉眼看失去了订单，后来他从国外进口了一台蒸汽机，用来提高产量。

为威廉工作了一年以后，詹姆斯一头扎进满山咖啡树丛、遍地淘金机械的加州山区。在那里，他不仅找到了小型金矿，还发现矿工很喜欢他出售的咖啡。他在矿区中部，用自己发现的小金矿卖的钱开办了一家商店。虽说只有 16 岁，年轻又没有经验，但他能够把握自己，买卖做得生气勃勃。两年后，他卖掉商店，带着相当一笔所得，回到了旧金山。

经过一番选择，詹姆斯还是回到威廉·博维那里，从一个跑外推销员干起。他在金矿区推销咖啡的突出成绩，招致其他咖啡推销商发疯般的嫉妒，他们联合起来抵制先锋牌咖啡。然而，先锋牌咖啡是那么受欢迎，广大消费者拒绝喝其他牌子的咖啡。

1859 年，威廉去金矿区圆他的发财梦了。他把先锋牌咖啡的绝大部分权益卖给了詹姆斯·福尔杰和另一个合伙人，新公司取名"马登—福尔杰"公司。在经过了最初几年的兴旺时期以后，马登和福尔杰开始借贷增添设备。然而，在南北战争之后的经济混乱时期，咖啡销量急剧下降，以致公司无力偿还债务。1865 年，马登—福尔杰公司被迫宣告破产。

宣告破产，应该意味着宣告詹姆斯·福尔杰商业生涯的终结。但是，在超常规发展的旧金山，总是有那么一种不拘一格的自由习气，人们往往无视通常的商业规则。詹姆斯·福尔杰不仅可以让公司继续运转，而且能进一步借债，从他的合伙人那里把其股权买到自己手中，并把公司更名为福尔杰合伙公司。福尔杰的债权人想，与其把福尔杰的公司并过来自己管理，还不如让福尔杰继续经营，以便挣钱来还债。这样，福尔杰就争取到了宝贵的喘息时间。

如果那些债权人知道，福尔杰要用 10 年时间才能还清他们的债务，也许他们就没有那么通情达理了。不过，詹姆斯·福尔杰确实一直顽强地坚守岗位，他摸索最佳的咖啡因搭配比例，添加最好的调料，把咖啡推销到加州各地。随着福尔杰咖啡质量的名声越来越好，福尔杰商业道德的名声也越来越好。到 1874 年，他还清了最后一笔债务，福尔杰合伙公司真的无债一身轻了。

经过了经济危机的福尔杰，开始集中精力扩大市场占有率。他派推销员走遍了西北部的林区和矿区，把咖啡销往直到墨西哥边境的整个加利福尼亚海岸。公司顺利地继续扩展，50 年内，产量增加了 5 倍。

到 1889 年福尔杰去世时，整个

美国西部的居民，都是喝到福尔杰的咖啡才满意，不再用其他品牌的咖啡和调料。詹姆斯·福尔杰的孩子们继续扩大业务，并把福尔杰咖啡和它的伴侣产品——希林调料变成全国闻名的名牌产品。

詹姆斯·福尔杰为自己已经破产的企业赢得了第二次生命，而这往往是很难做到的。他坚定自己的信念，他相信他的福尔杰品牌永不倒，因而他能获得成功。

爬起来比跌倒多一次

弗兰克·伍尔沃斯一开始并不是个有前途的商店营业员。他找工作时，曾接连被好几个商店拒绝，因为他确实一点也不懂经商。后来他好不容易找到一个工作，干起来又常常出错。他的第二个工作也是当营业员，没多久就被扣了20%的工资，因为他干得实在太糟了。最后，伍尔沃斯自己开了一家小商店，没到4个月，这家商店就垮台了。

他的这些失败和他暴露出的弱点已经明白地告诉他，最好还是留在父母的农场里干活。但伍尔沃斯从小就不喜欢农活，以至于他常常做梦也梦到逃出农场。伍尔沃斯虽说初入商场就出师不利，但他屡败屡战，凭着一种惊人的毅力，终于赢得了最后胜利。

当弗兰克·伍尔沃斯还是个小孩时，他喜爱的游戏就是"开商店"，玩起来全神贯注，乐此不疲。他16岁时，刚从中学毕业，就开始在父母占地108亩的农场里，当个整劳力干活。他觉得农场里的生活太枯燥无味，便开始在当地大学里修一门商业课，准备另干一番事业。

快到21岁时，伍尔沃斯找到一个店主，希望他能雇自己工作，而他必须先白干3个月学徒，才能开始拿工钱。他在纽约州水城的"奥格斯勃利—穆尔"街角商店学徒3个月后，每周6天干84小时，每小时的报酬不到5美分。

干了几个月，店主对他很不满意，因为他一点也不懂怎么做生意。有一次他上班忘了穿上整洁的白衬衫，还曾经被赶回家里。

在奥格斯勃利—穆尔商店干了两年，伍尔沃斯又来到布什奈尔合伙公司。开始时，这家杂货和地毯店的老板对伍尔沃斯工作能力的评价，还不如他的第一家老板。因为销售量太少，伍尔沃斯的每周工资从10美元降到8美元。伍尔沃斯没日没夜地拼命干，想证明自己能做好这份工作，结果是累垮了身体，丢掉了工作。他不得不花了半年时间养病，才算恢复了健康。伍尔沃斯和照顾他养病的缝纫女工珍妮·克赖顿结了婚，婚后生了3个女儿。

伍尔沃斯原来的老板怜悯他，让他回奥格斯勃利—穆尔街角商店干他的老本行，这时，这家商店已经更换合伙人了，成为"穆尔—史密斯"街角商店。这一次，伍尔沃斯通过橱窗展示商品，表现了自己的商业才能。而且，他很快就找到了充分发挥才能的机会。1878年，穆尔面临一个大难题，他积压了太多的存货，同时又有越来越多的货款没有收回。他让伍尔沃斯想办法搞个新形式的商品展示。当时，美国中西部地区商店里的"5美分货柜"很受顾客欢迎。伍尔沃斯就在商店门外安放了一张长条桌，上面摆满了别针、梳子、钢笔、肥皂和其他小商品。在他的这些商品上方，写了一幅大大的通告，告诉过往的人们桌上所有东西都可以用5美分买到。

穆尔并不真的认为这么便宜的小商品能卖多少钱，但他想至少可以吸引顾客到他的商店来。只要他们进了商店，就有可能买点贵的东西。伍尔沃斯很用心地经管这个货柜，确保及时添货，顾客也真的络绎不绝。看到这种货柜如此受欢迎，伍尔沃斯想到可以做5美分货柜的大生意，他认为能够靠满商店不值钱的小商品赚大钱。

让伍尔沃斯感到庆幸的是，他的老板愿意帮他的忙。1879年，当伍尔沃斯找地方开自己的商店时，穆尔答应赊给他315美元的货物，好让这个年轻人开张。伍尔沃斯开设了他的第一家商店。他的店名很有特色，叫做"伟大的5分钱商店"。在这个商店晚上开张之前，就

有一个老妇人拉住忙得团团转的伍尔沃斯，要买一把煤铲。伍尔沃斯在第一个星期卖出了244.44美元的商品。然而，只有一间小屋的商店，在吸引大量顾客方面无法同城内的大商店相比，"5美分商店"的盈利很快下降了。当伍尔沃斯赚到的钱达到250美元时，他决定关掉这个店。伍尔沃斯伟大的商店只经营了不到4个月。

伍尔沃斯关掉商店时，从容而果断。他坚信5美分商店是个好点子，他没有为这次失败扼腕叹息，而是发誓下次要干得更好。

一个月之后，按照一位朋友的建议，伍尔沃斯在宾夕法尼亚州兰凯斯特又开了一家商店。他把一间荒废失修的商店清理好，然后精心用商品装点他的商店，把商品陈设得引人注目。

开张那天，伍尔沃斯有一种不祥之感。当天正赶上城里举行游行，整整一天，无人光顾他的商店。在焦急和无奈中，他的商店突然挤满了参加和观看游行回来的人。在短短的几小时里，他的商品卖掉了1/3。他的这个商店位置很好，所以人潮不断。在3个星期内，他的全部货物连续3次售空。没过多久，伍尔沃斯最关心的是找不到足够的货源保证他及时添货。兰凯斯特的商店开张一年后，伍尔沃斯把价值10美分的小商品引进他的商店，扩大了营业规模，这个店很快成为闻名

遐迩的"5和10"商店。

然而，还有失败的考验在等着伍尔沃斯。由于前面成功的激励，他决心把他的商店扩展为连锁店。不久，他又在宾夕法尼亚的哈里斯堡和约克建起了"5和10"商店，但这两个商店都失败了。原因是他在这两家店增添了25美分的货柜。

靠一个成功的商店赚到的钱来生活，对伍尔沃斯来说，应该是很实在的。毕竟到1882年，他的5美分和10美分小商店每年可以给他赚回2万4千美元。但伍尔沃斯执意要实施他的连锁店计划，他认为小商品的利薄，成功的关键在多销。为了多销，他感到他要有几十上百个商店才行。

伍尔沃斯找到了愿意投资并参与管理的合伙人。到1886年，在宾夕法尼亚、新泽西和纽约，他已经建起了7家伍尔沃斯商店。从1888年起，伍尔沃斯有了足够的钱来开新店，不再需要合伙人的投资。同时，他开始雇佣经理替他管理商店。

为了经营他那不断扩展的王国，伍尔沃斯始终是事无巨细，亲自办理。他经管所有商店的商品陈列，亲自采购商品，每天向经理们发出各种指示。1888年底，他患伤寒，在病床上躺了两个月。在这段时间里，他发现别人照样能处理好他的许多工作。于是他开始把工作分配给他的助手们，以便腾出精力考虑其他更为雄心勃勃的项目。伍尔沃

斯王国越来越庞大，1909年打入了英国，3年后又同他的5个竞争对手——多年来在其他领域经营"5和10"商店的老朋友联合成为一体。

伍尔沃斯在1919年去世，在他死后很长一段时间里，伍尔沃斯公司坚守创始人的既定方针，不卖价格超过10美分的商品。此时，公司已经成为美国零售业里无人置疑的中坚力量。如果有人看到早年弗兰克如何遭遇一个又一个挫折，艰难地摸索道路，现在一定无法相信自己的眼睛。除了弗兰克·伍尔沃斯，很少有人能像这样屡战屡败，屡败屡战，直到取得最后的胜利。

麦当劳的秘密

诺曼·皮尔博士的《成功的资本》一书中谈到了麦当劳的秘密：一次，诺曼·皮尔和妻子曾经应邀到雷·克洛克家中作客，克洛克先生是世界著名的麦当劳汉堡连锁店的创办人。虽然这次的会晤很短暂，但诺曼·皮尔对这位麦当劳的老板已有深刻的认识。

他的两段座右铭，也是他的祖母和他在花园中工作时，她经常说出的一段："只要你还嫩绿，你就会继续成长；一等到你成熟了，你就开始腐烂。"

克洛克先生的第二个座右铭，是诺曼·皮尔最喜欢的一个："坚持到底——在这个世界上，没有任何

事物能够取代毅力。能力无法取代毅力，这个世界上最常见到的莫过于有能力的失败者；天才也无法取代毅力，失败的天才更是司空见惯；教育也无法取代毅力，这个世界充满具有高深学识的被淘汰者。光是毅力加上决心，就能无往不利。"

由这个座右铭就可明白为什么毅力如此重要，并被列为成功的一个最佳秘诀。每个人都希望成功，但却只有少数人愿意努力、付出代价以及从事应该做的工作。在丹尼斯所主持的讨论会中，他送给每位参加者诺曼·皮尔博士曾经写的一首诗你一定也很欣赏这首诗：

有志者，事竟成

即使你只是一个生手，你也可能成为一名完全的胜利者——有志者，事竟成——只要你认为办得到，你就会成功。

你可以佩戴黄金勋章，你可以骑着黑色骏马——有志者，事竟成——只要你认为办得到，你就会成功。

使你获胜的，并不是你的才能，也不是你的天赋，

更不是可能决定你的价值的存款簿，

也不是你的皮肤颜色，

而是你的生活态度，

你可以打败奥斯汀，在波士顿获得马拉松冠军。

有志者，事竟成——只要你认为办得到，你就会成功。

你可以从通货膨胀中获利，你也可以改变这个国家的方向。

有志者，事竟成——只要你认为办得到，你就会成功。

你以前是否曾经获胜，并不重要；

你上半场的成绩如何，也没关系；

在终场之后，才能决定胜负。

所以，你要继续努力，你将发现自己已经获胜。

抓住你的梦想，然后相信它，

出外去工作，你将会实现梦想。

有志者，事竟成——只要你认为办得到，你就会成功。

信任上帝——你已经成功了一半。

信任你自己——你已经成功了四分之三。

对自己有信心，这只是第一步。必须要经过几个星期、几个月以至几年的努力不懈，才能克服一切困难。

成功永不嫌晚

雷·克洛克——麦当劳老板，就是个克服困难的典型例子：他永远不会放弃他的梦想。其实，他直到52岁时才走上成功的正途。他在20世纪20年代初期开始出售纸杯，并且兼弹奏钢琴，负起养家的责任。他一共在莉莉·杜利纸杯公司服务了17年之久，并成为该公司最好的推销员之一。但他放弃了这个安定的工作，独自经营起牛奶雪泡机器的事业，他十分着迷于一种能够同

时混合 6 种牛奶雪泡的机器。

后来，他听说麦当劳兄弟利用他们的 8 架机器同时推出 40 种牛奶雪泡，于是亲自前往圣伯纳迪诺调查。他发现麦当劳兄弟有一条很好的装配线，它能够生产出一系列高品质的汉堡、炸薯条以及牛奶雪泡，克洛克认为，像这样好的设备只局限在一个小地方，未免太可惜了。

他问麦当劳兄弟："你们为什么不在其他地方也开一些像这样的餐厅？"

他们表示反对，他们说："这太麻烦了。"而且，他们"不知道要找什么人一起合作开设这种餐厅"。雷·克洛克脑海中却正好有这样的一个人，这个人就是雷·克洛克本人。

丹尼斯认为，在麦当劳历史中，最重要的发展就是这一步：雷·克洛克虽然一直只是一个推销员，而且一直到他 52 岁时才展开新事业，但他却能在 22 年之内把麦当劳扩展成为几十亿美元的庞大事业。IBM 一共花了 46 年才达到 10 亿美元的收益，全录公司更花了 63 年的光阴。

毅力并不一定是永远坚持做同一件事。它的真正意思是说，对你目前正在从事的工作，要投下全部心力，专心致志地工作。它的意思是说，先从事艰苦的工作，然后再要求满足与报酬。它的意思是说，要对工作感到满意，但要渴求更多的知识与进步。它的意思是说，多

拜访几个人，多走几里路，多除一些杂草，每天早晨早起一点，随时研究如何改进你目前正在从事的工作。毅力就是经由尝试和错误而获得成功。

令人感到兴奋的是，大多数人都要等到年龄很大之后，才会达到他们生命活力的最高峰，这是出乎我们一般人想象的，对年轻人而言，这表示他们有充分的时间来吸收知识及发展个人的才能。但对于那些年龄较大的战士来说，这表示他们尚有希望。既然一位纸杯推销员及钢琴演奏者能够建立起全世界最大的速食餐厅连锁店；既然一位阿肯色州的老人可独自开车，行程几万里去推销他的炸鸡配方，最终造就了伟大的肯德基炸鸡事业，那么，你当然可以使你的梦想实现。其中的秘诀就是：毅力，即坚持到底，绝对不要放弃你的梦想。

在别人都已停止前进时，你仍坚持着；在别人都已失望放弃时，你仍前进，这是需要相当的勇气的。正是这种坚持、忍耐的能力，使你得到比别人较高的位置、较多的钱。

坚持到底就会成功

到底坚持到什么时候才能获得成功？答案是：坚持到底。

许多时间，虽然已经到了穷途末路，坚持到底却能绝处逢生，脱离苦海。

真正失败的是那些无法坚持到底的人，他们常常在曙光出现前的一刹那间放弃努力，因此功败垂成，永远无法看到久待的光明，更感受不到苦尽甘来，喜极而泣的那种心境。

有一个叫毕斯德的人突然大发奇想，想要种出一种不会生蛀虫的玉蜀黍。他用万株玉蜀黍来做试验，不辞劳苦，孜孜不倦地从事配种工作，辛苦了 5 年之后，只剩下 4 穗玉蜀黍。漫长的岁月，辛苦的研究工作，几乎把他折磨得信心全失。不过这最后的 4 穗玉蜀黍便是他 5 年的心血结晶，他终于成功地培植出一种不生虫的玉蜀黍，使他发了财！

很多人在做事情的时候，往往没有坚持到底的毅力。这样虽然也可以算是一个为后人开路的开拓者，但对于自己来说却是白辛苦了一场。

另一些人之所以无法享受成功的结果，是因为缺少了一股不屈不挠的办事精神，没有一试再试、志在必得的决心。

因此，只是明智而又正确地选择了目标，又能够踏实地为达到目标辛勤工作，在到达目标之前仍旧不能保证你能够顺利成功。你还得有坚持到底的决心，你绝对不能向困难低头，也不能向漫长的时间屈服，否则前功尽弃，你只好自叹与成功无缘了。

培养毅力的 10 个步骤

1. 先做重要的工作。大多数的人之所以把他们的时间花在一些并不紧急的"忙碌工作"上，主要是因为这些工作比较容易，而且不需要特别的知识、技术，也不必和其他人协调。把你手中的工作按照性质，分成下列 3 种处理顺序：现在必须立刻去做；待会儿再做；有时间的话再做。订出这些顺序来，每天早晨当你展开一天的工作之前就要订出这些工作顺序。最好是在前一天晚上就寝之前就这样做。

2. 把你的时间和精力集中在过去已被证实为对你最有生产力的20% 的活动、接触与概念上。记住19 世纪一位意大利经济家弗瑞多的"80—20 定律"：80% 的产量通常是来自20% 的生产者，以及80% 的生产线。这就是说，你必须把你的影响力集中在最有生产力的人与观念上。

3. 每当你放弃目前的工作，而在生活上有所改变时，一定要在心理上有所准备：生产力及效率一定会暂时性地降低下来。如果你在事业或生活方式上有了改变，却未立即产生效果，不要担心。变化之后，需要经过一段时间才能产生效果。等到熟悉以及重新建立起信心之后，生产力就会再度增加。不要急，先冷静一下再说。

4. 要多试几次。如果你第一次失败了，再尝试一遍；如果第二次又告失败，多研究失败的原因；如果你第三次又失败，那么，你目前的眼光可能太高了，先把你的目标稍微降低一点点。

5. 试着经常和具有相同目标的人交往。大多数人都是因为遭遇相同的问题，而组成了一个团体，像是太胖了、酗酒、抽烟太多等。但这里并不是指这个，这里所指的是有相同价值与梦想的人所组成的团体，不是因为遭遇相同的问题，以及因不良习惯而组成的团体。每个月聚会一次，可以使大家获得一些真正有效的行动和念头。有了团体的支持，往往能协助我们培养出坚强的毅力。

6. 如果你碰到某个问题无法解决，因而陷于僵局，不妨改变一下气氛。你可以试着放松一下心情，到海边或乡下玩一天。记住，当你左脑的逻辑能力消退时，右脑解决问题的能力总是随时等着替你服务。这并不是逃避或退缩，只是观赏风景，恢复一下你的精力。

7. 随时预防意外之事发生。

8. 你在获得某一行业或学术方面的一般知识之后，集中你的注意力，确实精通其中的某一部分。先要专精某件事，然后才能再求多方面发展。把一件事情做好，做到精

通为止，这样做必定能给你带来信心，奠定良好的声誉。杰克·尼可劳斯已经是高尔夫的高手，所以，他现在可以从事他一直想做的工作了——设计高尔夫球场的路线。

9. 当你处理问题时，要诚实并善于推理。一般说来，问题只有两种形式：容易解决的（事实上，这也是一般人希望处理的惟一问题），以及那些非常情况的"紧急问题"。想要判断问题的种类，有个好方法，就是问问你自己："我是否把时间花在对我及家人都很重要的问题上，或是我总是被迫去处理一些必须处理的紧急问题?"

10. 你的工作要超过人们的要求，你的贡献也要超出你的本职工作。多努力一点。记住，胜利者能从雷雨中看到彩虹——他们只会看到溜冰的乐趣，不会为结冰的街道而烦恼。记住下面这个故事，并加以学习：有个孩子用他的零用钱买了一双新的溜冰鞋到结冰的湖上溜冰，他一次又一次地滑倒、摔倒及扑倒，他的母亲每一次都跑上去扶他起来，警告他说："把你的溜冰鞋收起来吧，免得摔伤了。"但是，这个小男孩仍然努力不懈，他说："妈妈，我买它们并不是用来放弃的——我是要用它们来学习如何溜冰的。"

第十章　观察力的种子

你能够清楚地观察时，就会发现自己更有价值，而且想象力的创造和发挥会让你了解：唯有多方学习，才能对生活有所贡献。

所有最佳的成功秘诀都和观察力有关——你如何从内心深处正确地观察生活。成功的种子就是你更为清晰地"观察"这个世界之后，所发展出来的反应或态度。

波音 747 巨无霸客机以自动导航系统进行了例行的电脑化降落，从高高的云层向着悉尼俯冲下去——在阳光灿烂的早晨飞入悉尼是十分壮观的景象。美国西海岸的港口，没有一个能比得上悉尼港的壮观。那个惊人的太空时代的大歌剧院建筑耸立在海边，令你深深感动。不错，这个歌剧院是举世无双的，但是，悉尼除了歌剧院之外，还有很多其他东西能够满足你的视觉以及心灵享受。

悉尼就像是圣地亚哥和旧金山两个港口综合起来的样子，但令人惊讶的是，悉尼的生活步调却比这两个城市的任何一个都快。悉尼港很大，一直绵延到你眼睛看不到的地方，港内满是各式各样你所能想象得出的船舶，热闹异常。渡轮、游艇、拖船、小汽艇、水翼船、海

军军舰、拖网渔船、货轮、邮轮，以及各种的参加比赛的小帆船。星期天的悉尼港使美国的纽伦特港看来像是小孩子的洗澡盆。

过去 5 年来，丹尼斯和妻子每年都要"南下"前往澳洲两趟。他们很喜欢当地壮阔的原野，它使人回想起美国早年那些荒芜的边疆地区。澳洲有丰富的矿产和先进的科学技术，这几乎是全世界其他各地无法比得上的。他喜爱"澳洲佬"的热情与幽默。他们第一次到澳洲时，从机场搭计程车前往曼特渥斯旅馆途中，丹尼斯主动地和那位计程车司机进行友好的交谈。这位计程车司机是位年纪颇大的老先生，大约 60 几岁或 70 岁出头了。

"今天的天气真是太好了，不是吗？"丹尼斯很高兴地对他如此说道，同时从车内的后视镜望着他的

脸孔。老司机不说一句话，却把车子开到路边，停了下来。他下了汽车，在原地转了一圈，深深吸了一口气，伸伸手脚，并且抬头望着天空。丹尼斯怀疑他是否有什么老毛病发作了。

做完了这些动作，老司机回到车上来，向丹尼斯眨眨眼，对丹尼斯笑着说："你说得真是一点也没错，老兄。今天的天气真是太好了。我从昨天半夜一直开车开到现在，都没有机会到车外看看。你说得对，真是好天气。"丹尼斯和太太一路笑到城里。在到达旅馆之前，他们请求这位司机带他们参观悉尼一番。

"你们喜欢观光什么东西，你们最想到什么地方去？"他这样问道，把头偏向一边。

"我们并没有什么意见，"丹尼斯和太太齐声回答，"你想去哪儿，就带我们去哪儿。"

结果，他带他俩回他家里吃早餐。他说，他有点饿了，他请他们尝了涂上植物奶油的面包，并喝了一杯"白"咖啡。

这次丹尼斯的旅行，先搭乘飞机到布里斯本，主持演讲及研讨会，然后到"大巴里岩礁"群岛中的一个小岛度假。在"大巴里"度完假后，按着预定计划到新西兰做 3 天的演讲旅行，然后经由檀香山飞回加州。在空中巴士班机上，丹尼斯低头望着下面的红瓦屋顶，以及似乎永无尽头的绵延海湾时，飞行员把飞机稍微转向东北方，向昆士兰飞去。突然，丹尼斯想到，他为什么老是坐在飞机上东奔西走？

奔向目标或逃避目标

自从丹尼斯的"胜利心理学"卡式录音带在 1978 年挤入畅销榜以来，他几乎每星期都在赶路。你可曾听说过有哪个人几乎每天都要搭乘飞机，而且连续 5 年，天天如此？即使是航空公司的飞行员，也没有飞这么多，这种情况变得十分严重。每次丹尼斯回到家里，家里那只小狗总是躲到花园里，对他大叫。丹尼斯没查过《吉尼斯世界纪录》，但他敢打赌他可能已经创下一项世界纪录了。

他想到了这个问题：我这样日日奔波，究竟是奔向目标，还是在逃避目标？他靠在椅背上，礼貌地拒绝了空中小姐送来的茶和糕点。

他开始思索这个问题，同时看了一眼他的妻子苏珊，她总是抽空陪他从事大部分的演讲旅行。当时她正在阅读小说《刺鸟》，并没有注意到丹尼斯正在看她，他打量她的脸孔，心里十分钦佩她的高超能力，不但带大了他们的 6 个孩子，把家里整理得干干净净，甚至还能以爱心支持他这种旋风式的演讲旅行。他忍不住替他们相遇的那一天祝福。为了向对方提醒他们之间的关系，苏珊和丹尼斯每年庆祝两个周年纪念日：一次是每年的 10 月 20 日，庆祝他们的第一次见面，他们仿照当年的第一次见面的情形，到佛罗里达州沙拉索塔附近的海滩散步，在海滩上来顿野餐，让牛仔裤的裤角装满沙子；另一次是他们的结婚周年纪念是 5 月 5 日，他们一向希望在那一天当中两个人能单独在一起，最好是在家里。

驾驶员放下飞机的起落架，准备在布里斯本降落了，这时，丹尼斯想到自己已经离家乡很远了。他想到了孩子，也想到了自己童年时代的一些幻想。懂事以来，丹尼斯一直梦想着进行洲际旅游，并希望追随太阳一直到澳洲。他阅读过不少有关澳洲的书籍，研究过地图，收集了很多幻灯片。每一次丹尼斯看到澳洲航空公司的广告在电视上播出时，就会想到悉尼、柏斯、艾迪顿、墨尔本以及布里斯本。澳航广告片结尾时，总会出现一只可爱的考拉坐在大洋中的一只木筏里，孩子们看到这只考拉时，绝对会忍不住笑个不停，因为，他们没看过这么小的熊，而这时候，丹尼斯就会提醒说，考拉其实并不是熊而是和袋鼠同类的有袋类动物。他把澳洲在地图上的位置指给孩子们看，并向他们保证，总有一天，他会带着他们前往澳洲漫游一番。

当飞机停住时，丹尼斯又想到，时间过得很快，"总有一天"已经变成了"昨天"了，而且是两年前。

他们已经游遍美国、加拿大、墨西哥、中美洲、加勒比海和欧洲各国。丹尼斯和孩子一起旅行过很多地方，部分原因是希望扩展他们的见闻，让他们多了解不同的文化，而最主要的原因是他希望与他们能多待在一起。

乘车前往布里斯本的皇家公园旅馆途中，丹尼斯仍然在思考着从悉尼起飞后不久就出现在他脑海中的那个问题："我为什么老是坐在飞机上？我是奔向目标，还是逃避目标？"他暂时忘掉了这些愚蠢的问题，从皮箱中取出幻灯片，开始准备开完记者会后，在下午及晚上的两场研讨会的资料。

当丹尼斯在皇家公园大厅向 1 000 名商业高级人员及他们的配偶开始讲授他的"胜利心理学"不久，那个令丹尼斯烦心的问题又回到他的脑海中了。在研讨会一开始，他总是先朗诵一首自己改编自名诗人盖斯特的一首小诗《我们所见到的讲道词》。丹尼斯已把它加以改编，作为向别人展示如何运用"胜利心理学"的例子：

我宁愿看到一位胜利者

我宁愿亲眼看到一位胜利者，也不愿听见任何一位胜利者，

我宁愿亲自走一段路，而不愿只是指示路途。

眼睛是个比较好的学生，比耳朵更愿意学习，

好老师免不了会感到困惑，但例子却是永远清楚的。

最好的教练就是以身作则的人，

因为，看到良好的表现是每个人所需要的。

如果你让我看到事情是怎么做成的，那么，我很快就学会了这样做，

我可以看着你的手如何行动，但你的舌头可能转动得太快了。

你所发表的演说也许很理智而且正确，

但我宁愿观察你怎么做，而从中学习。

因为我可能误解你的意思，以及你所提出的高明建议；

但是，看到你怎么行动以及如何生活，这是绝不会误解的；

不管在任何日子里，我都宁愿亲眼见到一位胜利者，也不愿意听到一名胜利者说话。

丹尼斯在晚上大约 9 点钟时开始演讲，并首先讲述如何制定人生目标。在他一开始讲述时，发现自己正在从事着某些深入的灵魂研究。发表演讲的是他自己，但他实际上的感觉却像是一位旁观者，正在观看他自己演讲的动作。他再度想起了这句话——"演讲的动作"。丹尼斯心里想道："我所做的就是这个吗？我试图协助这些人在他们的生活中成长，或者我只是想向自己证实什么？在过去 4 年当中，我这样不断地奔走旅行，究竟是为了什么？我为什么不多花点时间做我孩子的榜样？为什么我总是谈到时间的品质，而不是谈及和他们在一起的时间长短？"

他再度把注意力集中在研讨会上，这时候他们已经进行到最后部分，讨论到自我评价及展望。在制定目标的会议中，他们已经完成了"幸运之轮"的目标清单，并分成几个小组讨论了结果。整个讨论会进行得很顺利。很显然，参加者并没有注意到丹尼斯在研讨会的前半段中只想到自己的问题，而有点心不在焉。

丹尼斯把第二份"幸运之轮"的表格分发出去。

在全世界各地，青少年、工商主管以及夫妇们已经发现，"自我评价"的活动是他们极有意义的一项生活经验。

"请翻到标明《自我评价表格》的那一页。在这个表格里共有 24 个不同的项目，你将会注意到，在每一页上面分别写着 10 到 100 点。

"先阅读这 24 个不同项目中的每一项，问你自己这个问题：'这个问题对我来说，有多少真实性？'换句话说，以第一个项目而言，'有各种亲密的朋友'对你来说，这个问题有 10%、20%、30%、60%、80% 或 100% 的真实性？就每一项而言，对你自己做一次评估，把你认为属于你自己的那个百分比用黑

点圈起来。完成这个表格，应该只　花大约 8 到 10 分钟。"

自我评价表格

10　20　30　60　80　100

1. 有各种亲密的朋友
2. 自己思考、沉思
3. 每天热衷运动
4. 和家人相处时间的数量
5. 有一份待遇优厚的工作
6. 目前已经从事自己所希望的事业
7. 我参加了社区活动
8. 喜爱阅读非小说类书籍
9. 很容易交朋友
10. 研究《圣经》或宗教历史
11. 吃营养均衡的三餐
12. 经常写信或打电话给家人
13. 已经有充足的退休基金
14. 看到事业晋升的绝佳机会
15. 参加了社区内的社团组织
16. 喜爱教育性的电视节目
17. 喜爱结交新朋友及参加宴会或团体活动
18. 上教堂参加宗教活动
19. 经常参加体育活动
20. 喜欢与家人团聚
21. 有一笔金额不小的存款
22. 对自己的工作胜任而愉快
23. 自愿从事社区工作
24. 参观博物馆、博览会、图书馆，吸收新知识

"现在请翻到下一页，上面注明着'平衡的生活'。在你刚刚填完的'自我评价表格'中，请在你的生活范围内评价自己。例如，第 1、9 和 17 项，和你的社交生活有关，第 3、11 与 19 项则与你的健康问题有关。把 24 个项目每一项的得分百分比，从'自我评价表格'上移转到'平衡的生活

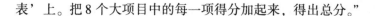

表'上。把8个大项目中的每一项得分加起来，得出总分。"

平衡的生活表

把你的"自我评价"表格上的得分，加在以下的你的生活范围中：

社交　　　　　1. _____　9. _____　17. _____ 总分 _____

精神　　　　　2. _____　10. _____　18. _____ 总分 _____

健康　　　　　3. _____　11. _____　19. _____ 总分 _____

家庭　　　　　4. _____　12. _____　20. _____ 总分 _____

金钱　　　　　5. _____　13. _____　21. _____ 总分 _____

职业　　　　　6. _____　14. _____　22. _____ 总分 _____

社会（区）生活　7. _____　15. _____　23. _____ 总分 _____

心理　　　　　8. _____　16. _____　24. _____ 总分 _____

　　"现在，在'幸运之轮'上，在你的8个生活项目之下的每一条线上，描出你的得分情形。你在描出所有的8点之后，把它们联结起来，得出你在自己的幸运之轮上的形状与大小。你的'幸运之轮'是否很圆？它将如何在生命的道路上转动？你希望多花时间发展生活中的哪一项？例如，你是否太过强调职业与金钱，因而忽略了健康与家庭生活？"

　　丹尼斯向听众提出这些问题，但它们却在他自己的耳旁回响——它们似乎不是他所提出的问题而是问他自己的。突然间，丹尼斯太太注意到他似乎有点儿恍惚。

　　晚上10点30分研讨会结束了，丹尼斯以自己写的一首关于生活展

播下成功的种子

望的小诗结束了这次研讨会。这首诗指出在生活中不要做一名旁观者。

在最后一名研讨会人员离开后，丹尼斯夫妇缓缓走向大厅，乘坐电梯回到他们的房间。妻子问："你的样子显得有点恍惚而且悲伤，有什么不对劲吗……你是否对这次行程感到不高兴？"

丹尼斯给他俩各倒了一杯柠檬汁，叹了一口气，说道："我对于参加者的反应感到很愉快，我只是比较关心我的演讲内容对于今天晚上主持研讨会的那个陌生人具有什么意义？"

他的妻子看上去有点困惑。"你说的是什么意思，陌生人？"她搜寻着他的眼光。

"今晚主持研讨会的是一位陌生人。"丹尼斯痛苦地低声说道，同时望向窗外荒凉的夜色，"真正的丹尼斯·威特利就在家里，就在我们的玫瑰园中修剪花木，他的妻子正和他的孩子及小狗玩。刚才站在那儿发表演讲的那个家伙，就是生活在'总有一天'的岛上。"

他们默默上床睡觉，紧紧拥抱在一起。第二天早晨，他们动身前往"大巴里岩礁"附近的赫隆度过两天的轻松假期。

大难不死

丹尼斯夫妇到达岛上之后，他决心独自出海钓鱼。他所能找到的

唯一一艘船是一只3米多长的铝制小船，在大海中很危险。但丹尼斯还是把它租下，因为他希望到岩礁外面的海上去，让头脑获得宁静，并和造物者沟通一番。虽然以前都是乘坐大型游艇出海，带有活饵箱和齐全的钓鱼装备，但今天只好使用小艇和简单的钓具来钓鱼了。风浪比想象中的还要强劲，但丹尼斯在拉荷拉马出生成长，因此，丹尼斯并不害怕。他把船划得相当远，不久就看不到他和妻子做日光浴的那个小海湾了。丹尼斯把一小块鱼饵放在钩子上，把钓鱼线放入海中大约10米深，他一点儿也不知道那下面有些什么。

到今天为止，丹尼斯仍然不知道在那以后的60秒内究竟真正发生了什么事。从拖拉他的钓线的力道来判断，这条鱼至少有20多斤重。它一直把丹尼斯的手臂拉到小艇外侧，必须挣扎着站起来，才能与之相抗衡。结果，船翻了，紧接着他落入水中，糟糕的是锚绳缠住了丹尼斯的脚，使他随着铝制小艇一起下沉。丹尼斯的肾上腺激素开始流动，心跳加速，冷酷的事实立即呈现在眼前，这并不是研讨会上假想式的操练，这也不是小说家笔下的冒险故事。丹尼斯正面临着立即丧失生命的危险。

由于丹尼斯曾经是一个接受过求生训练的航母战机的飞行员，还是一名技术不错的游泳者，所以他

并不慌乱。他一共花了 1 分多钟的时间，才把自己身上的锚绳解开，挣扎着浮出水面。他急急吸了一口气，马上又打量起眼前的形势。他已远离家乡 4 000 千米之遥，独自落在澳洲大巴里岩礁的海中。附近没有其他船只，距海边足足有 2 千米，没有人听得见他的呼喊，也没有人看得到他，而丹尼斯由于在水下太久，已经感到精疲力竭了。

丹尼斯已经告诉过他太太，他要到下午两点，才会回去，也就是说，丹尼斯至少还要在海水中"舒服"地浸上 3 个小时，她才会开始感到担忧。丹尼斯十分清楚，他无法游那么长的距离回到岸上，而且也可能会被那些冲向海湾口礁石的巨浪卷走。他唯一的生存希望就是把那艘船捞上来。他手中仍然握着锚绳，根据物体在水中的重量比离开水要轻得多的原理，他开始缓慢地把这个 3 米多长的"最后希望"拉向海面。

丹尼斯至少又花了 1 个小时，才拉着锚绳，把那艘艇拉近海面。那时候，洋流已把他卷到靠近岩礁的第一处珊瑚礁附近，情势十分危急。丹尼斯决定让海浪把他卷到珊瑚礁去，使他能试着登上其中一块大岩石上，并同时把那艘小铝艇倒转过来——那真是他这一辈子所做的最大胆的赌博了。不过，丹尼斯承认，他对上帝托付了很大的信心，希望他能使风浪变小，并协助他第

一次就能登上岩礁。

第一个大浪一下子把他从岩石上空卷过去，丢在另一头的大漩涡中。那小艇被打凹了几处，但并未破裂。丹尼斯让海浪把他从岩边卷起，那艘翻倒的小艇也跟他一起，然后，他等待着另一个大浪的来临。但是，下一个大浪却把他打到岩石上，然后又从岩石上把他打走，同时又把小艇打翻，把维持小艇半浮半沉的艇内积水全部打掉了。丹尼斯设法扶住小艇，把装着一半海水的小艇划离岩礁，向着 2 千米外的海湾划去。

虽然丹尼斯全身发麻，精疲力竭，却很高兴上帝似乎愿意让他多活一天。但是，当他低头看看脚时，却不敢如此自信。他的两腿已被珊瑚礁割破，船尾后面的海上留下一片血迹。他的心差点跳到喉咙口，因为丹尼斯想到了在电影《大白鲨》中那条大白鲨一口咬碎小艇的惊人镜头。而且，你可曾看过这么一艘浑身凹凹凸凸的 3 米多长的小艇，没有桨，半个小时还划不到 1 千米远。

最后一个成功秘诀

第二天，丹尼斯坐在海滩上，两腿绑上了纱带，很自然地选了一本由已故的罗伦·艾斯莱所写的《星星投手》，一面阅读，一面沉思。他并没有告诉他的妻子，她差一点

就可以领到一大笔的保险金而成为富婆。他不愿让她担心,而且他又何必把自己的愚蠢告诉给仍在认为他很聪明的人呢?丹尼斯很快地翻动艾斯莱的这本论文集,翻到与书名相同的那篇文章。在他读完这篇14页长的文章后,他把书本合上,将它放在了毯子上。他握着妻子的手一起漫步在海滩上,由于他的腿还很僵硬,因此,必须缓慢而谨慎地走在岩石之间,这时候,他发现了最后一个成功秘诀。当艾斯莱写《星星投手》时,他脑中一定在想一个与丹尼斯相似的人。《星星投手》叙述了一个男子,正当壮年,他注意到在观光季节的旺季,特别是在暴风雨过后,海滩上就会出现很多贝壳收集者。他们似乎全都陷入一种贪婪的疯狂状态,都想收集到比他身旁那些同伴更多的贝壳。他们彼此互相争吵、争执,疯狂般地奔来奔去,希望收集到比其他人更多的好标本。然后,这些贝壳收集者就在旅馆所提供的室外大锅中把他们收集到的那些贝壳"房屋"——连同"屋"内的住户一同煮熟,准备以后回到家里时,可以向那些羡慕不已的亲朋好友们炫耀一番。

丹尼斯遇见过许多具有这种收藏爱好的人。他们并不限于只在海滩上出现。他们也出现在每个国家、每个城市以及每个家庭。这些人都想收集生活,以及拥有幸福。他们都是消费者。当丹尼斯被艾斯莱的文章深深吸引时,他不禁想到,自己本来很容易就可能成为故事中的那个中年人。

故事中的中年人注意到,海边的水珠在太阳照射下,形成了一道彩虹,而在彩虹中央站着一位老人。这位老人弯下身子,然后站起来,把某样东西抛向大海。看了半天,这位旁观者(这个人可能是你)终于走向这位老人,问他在干什么。这位有着古铜色、饱经风霜脸孔的老人轻声回答说:"我是一名星星投手。"

这位中年人向他走近,希望看个清楚。他本以为他将会看到一些小石块或小石板——他自己就常常为了好玩,而把这些东西丢向大海。但是,那位老人却以迅速而温柔的动作拾起一只星鱼,优雅地把它丢向大海的远方。他说:"如果大海的海浪强度够,就可以把它带回大海中,那么,它就可以生存下来。"

这个人并不是收集者。他说,他已决定成为生活中的一部分,并将奉献自己,协助他人生存,而且在每一天、每一周、每一年,都要协助其他的生物生活下去。听完这位老年人的话,中年人默默弯下身子,捡起一只尚未死亡的星鱼,用力把它抛向大海,使它重获自由。他觉得自己也是一位播种的园丁——播种生命的种子。他回过头来看,那位年老的"星星投手",在彩虹的掩映下,再度把星鱼投向大海。

他了解了其中的秘密。

"星星投手"的秘密是我们大家必须知道并且共同遵守的。生命是不能收集的。幸福也不能由旅行经验中获得，甚至不能拥有、赚取或消费。幸福是一种精神体验：每一分钟都生活在爱、感恩与满足中。生活中的礼物并不是寻宝，你不能去寻找成功。这个宝藏就在你的内心里，只需发现并挖掘就行了。其秘密就是把收集式的生活改成庆祝式的生活。

所有最佳的成功秘诀都和观察力有关——你如何从内心深处正确地观察生活。成功的种子就是你更为清晰地"观察"这个世界之后，所发展出来的反应或态度。当你能够更清楚地观察时，将会发现自己更有价值，你的自尊将更为增强。清晰观察使你的想象力得以创造及发挥，如果你能更清晰地观察事物，将可以了解，你有责任多加学习，并对生活尽量有所贡献。

当你从内心看生活时，你将会发现：智慧、目标和信心是生活的基石。你用爱的眼睛观察生活，并且和四周的人接触来往。从内心观察，就是有勇气接受生活上的变化，以及在形势不利时坚毅不屈。从内心观察就是相信：美与善是值得每天培植的。

本章并不像别章中那样要求你注意全面成就的最佳秘诀。那是因为，正确的观察力——也就是从内心深处来观察生活——并不只是第十个和最后一个成功秘诀，这也是本书全部内容的精华所在。我们如何来观察生活，是最重要的。

丹尼斯和祖母一起在花园中工作时，祖母已经在他内心中种下了"成功的种子"，她教丹尼斯如何去"看"生活。许多人在他们的一生当中只会践踏鲜花，留下野草。祖母则教丹尼斯如何拔掉野草，欣赏鲜花的艳丽与芬芳。

丹尼斯一直记得他接到那个电话的那个圣诞夜。当时他在佛罗里达，正在从事某些基础的研究工作，必须等到研究工作完成之后，才能回到加州——这是他第一次在圣诞节离开父母与祖父母。丹尼斯听到母亲在电话线另一头轻声低语。她把祖母的情形告诉他——这位永远叫人怀念的老妇人在好多年以前就已经在丹尼斯内心中播下"成功的种子"了。

那天早上，祖母跟平常一样6点钟起床，穿戴整齐。当丹尼斯母亲走进她的房间时，她已经收拾了一些衣物装在一个小袋子中并坐在床边。到了医院时，他们为她做了一个87岁的老人感到虚弱时所应该做的标准化验。他们决定要她住院以便再进行一些化验。她从未住过医院，因此请求是否可以让她回家去，再找其他时间回来检查，这样对每一个人都比较方便。

她希望回家和家人共度圣诞，

这是她过去 80 多年来的传统。但医生坚持要她留下来，她默默让步了。她梳好头发，穿上一件漂亮的粉红色外衣，颈部绑上一个漂亮的结。她还和丹尼斯的母亲谈了圣诞夜家庭聚餐的菜单问题。

那时候已将近日落时分，护士站那儿传来柔美的圣诞音乐。她拍拍丹尼斯母亲的手，要她先回家去。虽然已经忙了一整天，但丹尼斯母亲还要为今年的圣诞节家庭团聚准备很多东西。

"你回家去吧，我没有关系，"祖母安慰母亲，"我希望自己静一静，看看这个美丽的落日。"

丹尼斯的母亲极不情愿地离开，并一再向祖母说，她很快就会回来看她。在以后的几分钟内祖母看到了她生命中最后的一次落日——等到她再度睁开眼时，已经面对面地见到了上帝。这一天是丹尼斯祖母的"毕业典礼"，也是她的另一个开始——她的另一个新花园。她已经很诚实地照料了地球上的一个花园。现在，她要去照顾一个更漂亮的花园了。

丹尼斯想到了祖母，他的记忆回到了祖母的花园，想起很多年以前，他们坐在她那棵梅杏树的树阴下，他仍然可以听见她那温柔的话语：

"孩子，种什么，就会收获什么。种下苹果种子，就会长出苹果树；种下伟大的思想，就会成为一个伟大的人物。你可了解我所说的话？"

丹尼斯现在了解了，相信你也了解到这一点了。